智能建造领域高素质技术技能人才培养系列教材

建筑工程物联网

U0313028

广联达科技股份有限公司 组织编写

主　编　王建玉　耿立明

副主编　钱　锋　孙瑞志　韩　颖

主　审　巴　磊

中国教育出版传媒集团

高等教育出版社·北京

内容提要

　　本书是智能建造领域高素质技术技能人才培养系列教材之一，由校企深度合作，基于实际的建筑工程案例，以教学内容模块化理念构建建筑工程物联网教材体系。内容上紧密结合职业技能要求，以项目为载体，任务为驱动，全面介绍了物联网技术在建筑工程中的应用，从感知层、网络层学习建筑工程物联网的底层技术及应用，并通过某项目的物联网应用规划设计，将技术与实际应用结合，对业务和数据应用均有较为深入的讲解。

　　本书可作为高等职业教育智能建造技术专业的教材，也可作为土建类专业职业资格考试培训的教材，以及智能建造工程施工及工程管理等从业人员的学习参考书。用书教师如需要本书配套的教学课件等资源，请登录"高等教育出版社产品信息检索系统"（https://xuanshu.hep.com.cn/）免费下载。

图书在版编目（CIP）数据

建筑工程物联网/广联达科技股份有限公司组织编写；王建玉，耿立明主编. -- 北京：高等教育出版社，2024.7

　　ISBN 978-7-04-061607-1

　　Ⅰ.①建… Ⅱ.①广… ②王… ③耿… Ⅲ.①物联网-应用-建筑工程-高等职业教育-教材 Ⅳ.①TU-39

中国国家版本馆 CIP 数据核字（2024）第 029095 号

JIANZHU GONGCHENG WULIANWANG

策划编辑	刘东良	责任编辑	刘东良	封面设计	李卫青	版式设计	李彩丽
责任绘图	李沛蓉	责任校对	吕红颖	责任印制	高　峰		

出版发行	高等教育出版社	咨询电话	400-810-0598
社　　址	北京市西城区德外大街 4 号	网　　址	http://www.hep.edu.cn
邮政编码	100120		http://www.hep.com.cn
印　　刷	固安县铭成印刷有限公司	网上订购	http://www.hepmall.com.cn
			http://www.hepmall.com
开　　本	787mm×1092mm　1/16		http://www.hepmall.cn
印　　张	19	版　　次	2024 年 7 月第 1 版
字　　数	400 千字	印　　次	2024 年 7 月第 1 次印刷
购书热线	010-58581118	定　　价	48.80 元

编审委员会

（排名不分先后）

主任

赵宪忠　同济大学

副主任

钱　锋　广联达科技股份有限公司
谢利娟　深圳职业技术大学
徐锡权　日照职业技术学院
叶　雯　广州番禺职业技术学院
袁利国　河北工业职业技术大学

委员

边凌涛　重庆电子工程职业学院
曹红梅　太原城市职业技术学院
曹会芹　陕西职业技术学院
樊志光　广联达科技股份有限公司
付力澜　毕节职业技术学院
郭莉梅　宜宾职业技术学院
霍天昭　广联达科技股份有限公司
金巧兰　河南建筑职业技术学院
雷　华　广州城市职业学院
李　斌　甘肃建筑职业技术学院
李光华　成都理工大学
李红立　重庆工程职业技术学院
刘　茜　安徽职业技术学院
刘　渊　火箭军工程大学
马行耀　浙江建设职业技术学院
彭忠伟　福建林业职业技术学院
史运涛　北京工业职业技术学院
孙　刚　威海职业学院

涂群岚　江西建设职业技术学院
王培森　山东建筑大学
王　生　江苏城乡建设职业学院
许　蔚　昆明理工大学
杨　乐　重庆工信职业技术学院
杨文生　北京交通职业技术学院
余丹丹　湖北水利水电职业技术学院
余冬贞　新疆建设职业技术学院
余剑英　浙大城市学院
余文成　桂林理工大学
袁利国　河北工业职业技术大学
张丽丽　北京工业职业技术学院
张文斌　南京交通职业技术学院
张学钢　陕西铁路工程职业技术学院
张学军　南阳理工学院
张　莹　海南交通学校
赵　娜　内蒙古科技大学
郑卫锋　广联达科技股份有限公司

编写委员会

（排名不分先后）

管东芝	陈 鹏	刘启波	郭琳琳	杨雨丝	王瑜玲
王晓青	王春林	杨剑民	张隆隆	兰 丽	邹雪梅
朱仕香	韩 琪	刘 霞	张玲玲	温晓慧	赵 婧
谢丹凤	王建玉	耿立明	李万渠	刘全升	张香成
胡勇强	巩晓花	王鹏飞	赵 丹	韩洪兴	黎 松
孙 克	张 宁	冯改荣	黄 文	陈 慧	齐嘉文
王英杰	胡 敏	张 宁	卢梦潇	欧阳喜玉	闵祥利
林泽昱	冯 峰	刘 钢	王 婷	张 瑜	张 崴
刘 涛	刘 刚	孙瑞志	韩 颖	娄文倩	李浩洋
宋银灏	安楚凝	巴 磊	陈 冬	陈佳婧	陈丽红
陈 龙	成名一	崔 明	党天娇	杜 娇	范 鹤
高铭悦	高 伟	顾晓林	郭紫莹	国 利	胡葆华
黄 鸽	贾世龙	江 烜	金剑青	经翔宇	康东坡
李 冬	李 虹	李 凯	李 宁	李 强	李姝颖
李水泉	李云雷	梁晓丹	梁 怡	廖坤阳	林隐芳
刘建军	刘 莉	刘 宁	刘文恒	刘文华	刘亚龙
卢 造	鲁丽华	陆进保	吕 龙	宁宝宽	牛恒茂
彭 芳	彭文浩	钱路宁	石 芳	宋金涛	谭 啸
王 博	王成平	王 晖	王丽佳	王丽芸	王恋星
王璐瑶	王 闹	王 其	王燕星	王应朝	温雅瑞
吴 斌	吴春杨	徐炳进	徐婵婵	徐艳召	阳 化
杨 欢	杨 鹏	易建强	尤 忆	于晓娜	张福文
张 健	张京晶	张 炜	张雨鸣	赵 昂	赵辰洋
赵梦哲	赵卓辉	周 凯	朱 丽	左岩岩	

　　智能建造是我国建筑业转型升级和实现建筑新型工业化体系的重要过程和核心成果，也是我国信息化社会建设的重要组成部分。自2018年同济大学率先开设智能建造专业至今，全国已有230多所高等院校设置了智能建造相关专业，这充分体现了广大院校对智能建造领域新专业的积极关注和主动参与。智能建造专业是在原有土建类专业基础上引入"机器代人"施工，融合了大数据、人工智能、物联网等新技术、新模式、新平台的新兴跨界融合专业，对实现以"互联网＋建筑业"为标志的建筑业新业态具有积极意义。

　　随着智能建造相关专业办学点数量的快速增长，院校在人才培养方面也面临着诸多有待破解的难题。在专业培养目标、人才规格、对应岗位等顶层设计基本完成之后，如何开辟产教融合畅通渠道，如何实现"想法与做法相互支撑"，如何设计出教育教学过程中的"有效落地手段"，如何配置好一流的教学平台与资源，已经成为今后一个时期专业建设发展的关键要素。就教材建设而言，亟待解决的问题主要有：一是适应智能建造相关专业教学的教材开发相对滞后，各院校对优质、适用、特色鲜明、成套系编写的教材需求急迫；二是软件应用、自动控制、机电及大数据等"跨界课程"，如何为专业服务、如何进入专业和设计教学空间，也需要高水平的教材来引领；三是与实际工程对接紧密，行动导向或理实一体化的新形态教材整体缺失，对专业与课程的创新发展促进作用不突出。院校亟需一套兼顾"前沿"与"系统"、"交叉"与"专业"、"理论"与"实践"的教材。

　　近年来，国家和有关部委陆续出台了一系列推动智能建造与建筑工业化协同发展的系列文件，为了服务国家发展战略，紧跟建筑行业转型升级和数字化发展趋势，助力培养新业态背景下行业所需的智能建造人才，高等教育出版社和广联达科技股份有限公司合作组织编写了智能建造领域高素质技术技能人才培养系列教材。系列教材由 12 本涵盖智能建造相关专业技术和管理领域，并兼顾专业通识和专业拓展功效的教材组成，拟分批陆续出版发行。本套教材有以下三个方面的特点：一是突出了立德树人，系列教材深入贯彻党的二十大报告提出的"深入实施人才强国战略""努力培养造就更多大师、战略科学家、一流科技领军人才和创新团队、青年科技人才、卓越工程师、大国工匠、高技能人才"的要求，充分挖掘教材的思政元素，将社会主义核心价值观、家国情怀、专业素养和工匠精神融入学习任务中，为培养造就德才兼备的高层次、高素质智能建造技术技能人才提供支撑；二是突出了应用性，系列教材基于对行业发展及岗位能力迁移的整体思考，融入了广联达科技股份有限公司"四流一体"（即业务流、数据流、案例流、教学流）的培养培训模式，建立整体编写框架思维，各本教材通过一个典型的工程案例来展开内容，从项目"立项→设计→施工→交付→运维"的全生命周期中进行业务流、数据流的演示，通过各阶段实体及虚拟数字孪生模型的任务要求，完成各阶段需要产生的成果，形成完整的案例流，达到完整的一体化教学的目的；三是创新了呈现形式，系列教材积极响应教学创新的实际需要，突出职业教育的应用性特色，深入挖掘"项目式、任务式"教材内涵，采用"模块→项目→任务"分层进行整体设计，创新应用了"任务引入→知识准备→任务实施→知识拓展"的教材框架结构，以项目驱动教学活动开展，积极探索"内化于心，外化于形"的理念。

　　本系列教材在广泛调查研究、认真研讨论证的基础上，由校企协同团队开发编写，相信一定会对智能建造人才培养起到支撑促进作用，成为教师授课的有力助手，学生学习的有效资源，业内人士培训的教学范本。希望本系列教材的出版，能够助力智能建造人才培养体系的完善与优化，为行业培养出更多德才兼备的高层次、高素质智能建造人才，为我国建筑业实现高质量发展、早日建成世界一流的建筑业强国贡献力量。

运用BIM、信息化和物联网等技术手段，将现实物体数据与BIM模型相关联，形成互联协同、智慧建造、科学管控的施工项目信息化生态圈是建筑业转型升级的必然趋势。将这些从物联网采集到的工程信息进行深入的数据挖掘分析，对现有数据进行实时监控，同时对未来发展趋势进行合理预测，可消除不安全因素和隐患，实现工程施工可视化智能管理，提高工程信息化管理水平，从而逐步实现智慧建造。

本书根据物联网技术的最新发展和在建筑工程中的实际应用情况，结合企业对人才的实际需求，校企深度融合，按照以实际工程项目为载体，任务为驱动，模块化教学的原则进行编写，全面系统地介绍了物联网技术在建筑工程中的应用、物联网感知层传感技术及应用、物联网的网络层及其应用和物联网应用规划设计。

为贯彻落实《中共中央关于认真学习宣传贯彻党的二十大精神的决定》《习近平新时代中国特色社会主义思想进课程教材指南》《职业院校教材管理办法》等文件精神，本书编写团队认真做好党的二十大精神进教材、进课堂、进头脑，提升教材铸魂育人功能，培育、践行社会主义核心价值观，强化学生工程伦理教育，培养学生精益求精的大国工匠精神，帮助学生了解建筑行业的国家战略、法律法规和相关政策，教育引导学生深刻理解并自觉实践建筑行业的职业精神、职业规范，增强职业责任感，培养遵纪守法、爱岗敬业、无私奉献、诚实守信、公道办事、开拓创新的职业品格和行为习惯。

本书由江苏城乡建设职业学院王建玉、沈阳城市建设学院耿立明任主编，广联达科技股份有限公司钱锋、孙瑞志，江苏城乡建设职业学院韩颖任副主编。模块一由韩颖编写，模块二由耿立明编写，模块三由韩颖编写，模块四由王建玉、孙瑞志编写，钱锋提供了本书配套的工程项目等数字化资源。全书由王建玉统稿，由陕西建工集团股份有限公司巴磊审阅。

由于时间仓促，且作者水平有限，书中难免会有疏漏之处，敬请广大读者批评指正。

编者

2024 年 1 月

1 工程案例项目信息

9 模块 1
建筑工程物联网概述

项目 1.1　认识物联网　/11
任务 1.1.1　物联网概述　/12
任务 1.1.2　物联网体系架构　/19
任务 1.1.3　物联网技术标准　/24
习题与思考　/29

项目 1.2　认识建筑工程物联网　/31
任务 1.2.1　物联网在建筑工程中的应用　/32
任务 1.2.2　物联网在建筑工程中的价值　/36
习题与思考　/39

41 模块 2
物联网感知层传感技术及应用

项目 2.1　数据采集类传感技术及应用　/43
任务 2.1.1　烟雾传感器及应用　/44
任务 2.1.2　倾斜传感器及应用　/53
任务 2.1.3　激光传感器及应用　/58
任务 2.1.4　红外避障传感器及应用　/61
习题与思考　/65

项目 2.2　设备执行类传感技术及应用　/67
任务 2.2.1　双色灯及应用　/68

任务 2.2.2　蜂鸣器及应用　/72

任务 2.2.3　继电器及应用　/75

任务 2.2.4　步进电动机控制及应用　/79

习题与思考　/83

项目 2.3　基于深度学习的视觉传感技术及应用　/85

任务 2.3.1　建筑安全隐患视频识别及应用　/86

任务 2.3.2　物料表单 OCR 识别及应用　/91

任务 2.3.3　进出车辆车牌识别及应用　/96

任务 2.3.4　劳务人脸识别及应用　/99

任务 2.3.5　物料识别及应用　/105

习题与思考　/109

111　模块 3
物联网的网络层及其应用

项目 3.1　无线传感器网络及其应用　/113

任务 3.1.1　认识无线传感器网络　/114

任务 3.1.2　无线传感器网络的应用　/117

习题与思考　/120

项目 3.2　蓝牙通信技术及其应用　/121

任务 3.2.1　认识蓝牙通信技术　/122

任务 3.2.2　蓝牙通信技术的应用　/124

习题与思考　/130

项目 3.3　ZigBee 通信技术及其应用　/131

任务 3.3.1　认识 ZigBee 通信技术　/132

任务 3.3.2　ZigBee 通信技术的应用　/135

习题与思考　/139

项目 3.4　Wi-Fi 通信技术及其应用　/141

任务 3.4.1　认识 Wi-Fi 通信技术　/142

任务 3.4.2　Wi-Fi 通信技术的应用　/143

习题与思考　/145

项目 3.5　移动通信技术及其应用　/147

任务 3.5.1　认识移动通信技术　/148

任务 3.5.2　移动通信技术的应用　/149

习题与思考　/152

项目 4.1　劳务管理应用规划　/155

　　任务 4.1.1　项目级劳务管理解决方案　/156

　　任务 4.1.2　数据分析与应用　/161

　　习题与思考　/166

项目 4.2　塔机监测应用规划　/167

　　任务 4.2.1　确定系统解决方案　/168

　　任务 4.2.2　安装与连接物联网设备　/173

　　任务 4.2.3　分析与应用数据　/180

　　习题与思考　/187

项目 4.3　施工升降电梯监测应用规划　/189

　　任务 4.3.1　确定系统解决方案　/190

　　任务 4.3.2　安装与连接物联网设备　/197

　　任务 4.3.3　分析与应用数据　/199

　　习题与思考　/206

项目 4.4　卸料平台管理应用规划　/207

　　任务 4.4.1　确定系统解决方案　/208

　　任务 4.4.2　分析与应用数据　/211

　　习题与思考　/215

项目 4.5　高支模监测应用规划　/217

　　任务 4.5.1　确定系统解决方案　/218

　　任务 4.5.2　方案实施与数据应用　/221

　　习题与思考　/225

项目 4.6　基坑监测应用规划　/227

　　任务 4.6.1　确定系统解决方案　/228

　　任务 4.6.2　方案实施与数据应用　/232

　　习题与思考　/241

项目 4.7　大宗物资进出场管理应用规划　/243

　　任务 4.7.1　确定系统解决方案　/244

　　任务 4.7.2　安装与连接物联网设备　/248

　　任务 4.7.3　分析与应用数据　/254

　　习题与思考　/258

项目 4.8　绿色施工环境监测应用规划　/259

　　任务 4.8.1　确定系统解决方案　/260

　　任务 4.8.2　数据分析与应用　/264

　　习题与思考　/268

项目 4.9　建筑工程其他物联网系统应用规划　/269

　　任务 4.9.1　建筑工程外墙脚手架监测应用规划　/270

　　任务 4.9.2　建筑工程临边防护监测应用规划　/274

　　任务 4.9.3　建筑工程临电箱监测应用规划　/277

　　任务 4.9.4　建筑工程吊篮监测应用规划　/281

　　习题与思考　/287

289　参考文献

工程案例项目信息

本项目为×××办公楼工程，属二类办公用地。本次建设范围：办公楼1栋，建筑总高度25.5 m，一层层高4.5 m，二层层高4.2 m，标准层层高3.9 m；总建筑面积7 895.70 m²，其中地上建筑面积6 654.24 m²，地下建筑面积1 241.46 m²；层数为5+1，其中地上5层，地下1层，1~4层为办公区，5层为住宿区，如图1所示。

图1　××××办公楼工程施工效果

本项目所含的专业有建筑、结构、机电、幕墙、装饰等，其结构形式有4种，即主楼为现浇及装配式结构、报告厅为钢结构、屋顶亭子为木结构。

工程采用钢筋混凝土框架结构体系，安全等级为三级；设计使用年限分类为3类，使用年限为50年；8度抗震设防。

当前工程正处于施工阶段，项目经理准备引入BIM+智慧工地进行精细化管理，如图2所示，管理重点集中在生产要素、质量安全和绿色施工。这些精细化管理模块占据了项目绝大多数成本，且管理严重依赖人工，难以做到精细化管理。且一旦出现问题会造成成本浪费、人员伤亡、项目停工等问题。项目经理计划使用智能建造技术和手段查缺补漏，将管理弱项逐步转变为管理亮点。

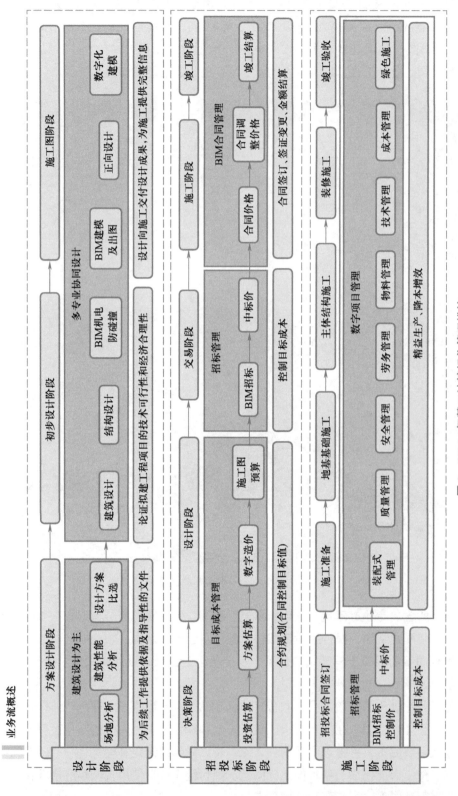

图 2　BIM+智慧工地精细化管理模块

BIM+智慧工地以进度为主线，成本为核心，利用IoT（物联网）、BIM（建筑信息模型）、大数据、AI（人工智能）等核心技术，集成项目软、硬件系统，实时汇总数据，实现建筑实体、生产要素、管理过程的全面数字化，是项目生产提效、管理有序、成本节约、风险可控的强力工具，如图3所示。

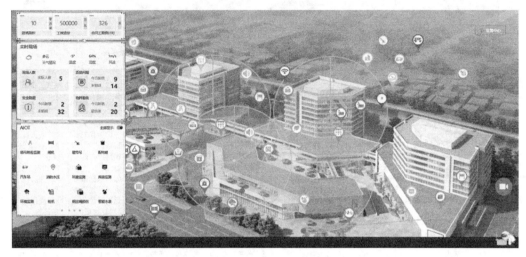

图3　BIM+智慧工地系统应用

在BIM+智慧工地应用规划过程中，作为项目经理需要考虑以下几项问题。

① 如何承接设计阶段的BIM和其他设计数据。

② 在使用过程中如何跟数字项目管理平台的劳务、物料、质量、安全、技术等管理模块进行数据打通、协同应用、综合分析，如图4所示。

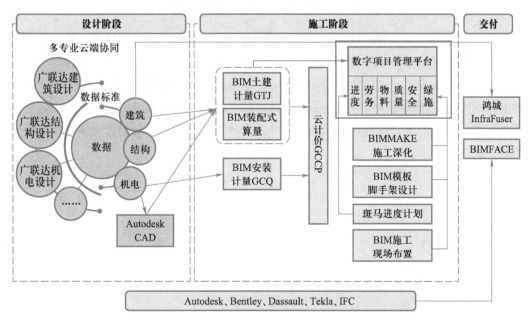

图4　BIM+智慧工地系统的数据打通与协同应用

③ 如何对症下药选择物联网设备，解决项目的实际问题，同时提高管理水平，如图 5 所示。

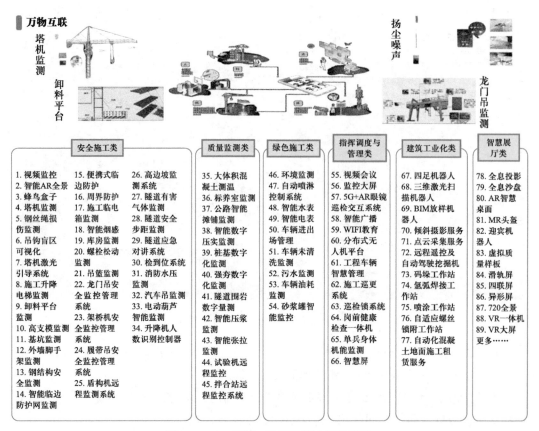

图 5　BIM+ 智慧工地系统解决实际问题

在规划过程中，项目经理将管理重点集中在施工过程中占成本比例最大的劳务和物料管理方面，同时对于施工过程中质量、安全管控和绿色施工进行 IoT 应用提前部署，利用数字项目管理平台、筑联平台和 BIM+ 智慧工地共同协助管理项目，以达到降本增效的目的。项目经理要求智慧工地专员小孙协同各部门的主管领导一起探索以确定管理中的痛点、难点以及对应的物联网设备，并配合数字项目管理平台的管理模块解决项目难题，如图 6 所示。

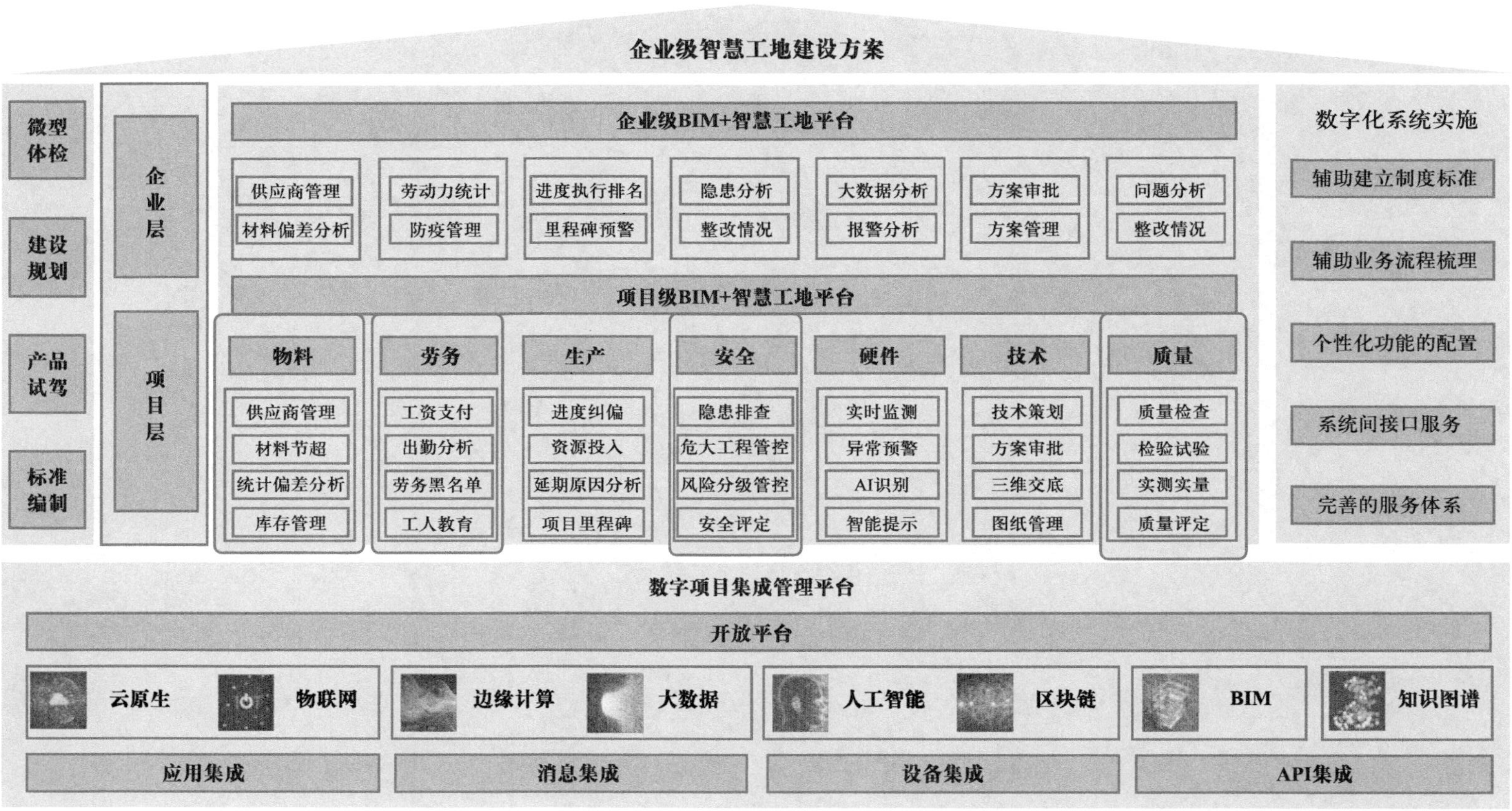

图 6　利用平台解决实际难题

项目 1.1
认识物联网

[学习目标]

知识目标

1. 了解物联网的起源和发展历程；

2. 了解物联网的基本概念；

3. 理解物联网的体系结构和关键特征；

4. 理解物联网的关键技术。

技能目标

1. 能够正确理解物联网的含义；

2. 能够正确理解物联网的关键技术；

3. 能举例说出现实生活中使用物联网的物体和场景。

素养目标

1. 能够适应建筑行业变化和变革，具备信息化的学习意识；

2. 了解我国物联网的发展状况，坚定理想信念；

3. 具备良好的思想品德和吃苦耐劳的职业素养。

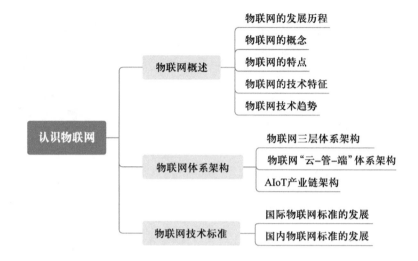

物联网概述

任务 1.1.1
物联网概述

【任务引入】

物联网技术是继计算机、互联网之后世界信息产业的第三次浪潮，是一个多学科、多专业技能融合的技术，主要涉及通信、计算机及电子信息等专业技术。它是在互联网概念的基础上，将用户端延伸和扩展到任何物品与物品之间的信息交换和通信。

【知识准备】

物联网技术是一门发展迅速、应用面广、实践性强的应用技术，在现代科学技术中占有举足轻重的地位。无线通信技术给物联网赋能并推动了物联网应用的进一步普及，物联网在建筑智能化、建造智能化等领域的应用将会进一步地加强，和人们日常生活的关系会进一步地紧密，在未来的发展空间会进一步地拓宽。认识物联网对于以后的工作、实践都会有非常大的用处。

1. 物联网的概念

物联网（Internet of Things，IoT）的概念是在 1999 年提出的，当时物联网还被称作"传感网"。国际电信联盟（International Telecommunication Union，ITU）曾描绘"物联网"时代的图景：当司机出现操作失误时，汽车会自动报警；公文包会"提醒"主人忘带了什么东西；衣服会"告诉"洗衣机对用水量和水温的要求……

1999 年，麻省理工学院（Massachusetts Institute of Technology，MIT）提出的物联网的定义很简单：把所有物品通过射频识别等信息传感设备与互联网连接起来，实现智能化识别和管理。这里包含两个重要的观点：一是物联网要以互联网为基础发展起来；二是射频识别是实现物品与物品连接的主要手段。

目前，物联网的精确定义尚未统一。随着各种感知技术、现代网络技术、人工智能和自动化技术的发展，物联网的内涵不断地完善，一些具有代表性的定义如下。

2008 年 5 月，欧洲智能系统集成技术平台（the European Technology Platform on Smart Systems Integration，EPoSS）把物联网定义为：由具有标识、虚拟个体的物体或对象所组成的网络，这些标识和个体运行在智能空间，使用智慧的接口与用户、社会和环境进行连接和通信。

2009 年 9 月，欧盟第七框架 RFID 和互联网项目组报告把物联网定义为：物联网是未来互联网的整合部分，它是以标准、互通的通信协议为基础，具有自我配置能力的全球性动态网络设施。在这个网络中，所有实质和虚拟的物品都有特定的编码和物理特性，通过智能界面无缝连接，实现信息共享。

2010 年 3 月，我国政府工作报告所附的注释中对物联网的定义是：物联网是通过信息传感设备，按照约定的协议，把任何物品与互联网连接起来，进行信息交换和通信，以实现智能化识别、定位、跟踪、监控和管理的一种网络。它是在互联网基础上延伸和扩展起来的网络。

2010 年，光纤传送网与宽带信息网专家邬贺铨院士把物联网定义为：物联网实现人与人、人与物、物与物之间任意的通信，使联网的每一个物件均可寻址，使联网的每一个物件均可通信，使联网的每一个物件均可控制。

2014 年，ISO/IEC JTC1 SWG5 物联网特别工作组把物联网定义为：物联网是一个将物体、人、系统和信息资源与智能服务相互连接的基础设施，可以利用它来处理物理世界和虚拟世界的信息并做出反应。

中国物联网校企联盟将物联网定义为：当下几乎所有技术与计算机、互联网技术的结合，实现物体与物体之间，环境以及状态信息的实时共享以及智能化的收集、传递、处理、执行。

国内物联网的通用定义为：通过射频识别装置、红外感应器、全球定位系统（Global Positioning System，GPS）、激光扫描器等信息传感与执行设备，按约定的协议，把任何物品与互联网相连接，进行信息交换和通信，以实现智能化识别、定位、跟踪、监控和管理的一种网络。

从上述国际和国内对物联网的描述和定义可见，物联网就是"将所有物品接入信息网络，实现物体之间的无限互联的网络"，包含以下 3 层含义。

第一，物品连入信息网络，是以传感器或执行器等方式来体现的，传感器和执行器都有各自的唯一 ID，接入协议需提前约定，不限于有线或无线的接入信息网络的方式。

第二，信息网络是物联网系统的承载通道，正是有了信息网络的发展成熟，才有了物联网的发展兴起。

第三，物品通过信息网络接入云端，在云端实现业务封装和自我体系建立，从而根据用户的需要实现任意物品相互之间的信息交换、协同控制和智能管理。

2. 物联网的特点

（1）物联网的主要特点

1）从物联网的本质来看，物联网具备以下3个特点。

① 互联网：对需要联网的"物"，一定要能够实现互联互通。

② 识别与通信：纳入互联网的"物"，一定要具备自动识别与物物通信（Machine-To-Machine，M2M）的功能。

③ 智能化：网络系统应该具有自动化、自我反馈与智能控制的特点。

2）从产业的角度看，物联网具备以下6个特点。

① 感知识别普适化：无所不在的感知和识别将传统上分离的物理世界和信息世界高度融合。

② 异构设备互联化：各种异构设备利用通信模块和协议自组成网，异构网络通过"网关"互通互联。

③ 联网终端规模化：物联网时代的每一件物品均具有通信功能，都将成为网络终端，5~10年内联网终端规模有望突破百亿。

④ 管理调控智能化：物联网能够高效、可靠地组织大规模数据，同时运筹学、机器学习、数据挖掘、专家系统等决策手段将广泛应用于各行各业。

⑤ 应用服务链条化：以工业生产为例，物联网技术覆盖了从原材料引进、生产调度、节能减排、仓储物流、产品销售到售后服务等各个环节。

⑥ 经济发展跨越化：物联网技术有望成为从劳动密集型向知识密集型、从资源浪费型向环境友好型国民经济发展的重要动力。

（2）物联网的其他特点

1）从传感信息本身来看，物联网具备以下3个特征。

① 多信息源：在物联网中会存在难以计数的传感器，每一个传感器都是一个信息源。

② 多种信息格式：传感器有不同的类别，不同的传感器所捕获、传递的信息内容和格式存在差异。

③ 信息内容实时变化：传感器按照一定的频率周期性地采集环境信息，每一次新的采集都会得到新的数据。

2）从传感信息的组织管理角度来看，物联网具备以下3个特征。

① 信息量大：物联网上的传感器难以计数，每个传感器定时采集信息，不断地积累，形成海量的信息。

② 信息的完整性：不同的应用可能会使用传感器采集到的不同部分信息，因此，在存储时应保证信息的完整性，以满足不同的应用需求。

③ 信息的易用性：信息量规模的扩大导致信息维护、查找、使用方面的困难迅速增加，从海量的信息中找寻需求的信息，要求物联网具有易用性。

从传感信息使用角度来看，物联网具备多角度过滤和分析的特征。对海量的传感信息进行过滤和分析，是有效利用这些信息的关键。面对不同的应用要求，要从不同的角度对信息进行过滤和分析。

从应用角度来看，物联网具备领域性、多样化的特征。物联网应用通常具有领域性，几乎社会生活的各个领域都有物联网应用需求。

3. 物联网的技术特征

物联网的技术特征来自同互联网的类比。物联网不仅对"物"实现连接和操控，它还通过技术手段的扩张，赋予网络新的含义。物联网的技术特征是全面感知、互通互联和智慧运行。物联网需要对物体具有全面感知的能力，对信息具有互通互联的能力，并对系统具有智慧运行的能力，从而形成一个连接人与物体的信息网络。在此基础上，人类可以用更加精细和动态的方式管理生产和生活，提高资源利用率和生产力水平，改善人与自然的关系，达到更加"智慧"的状态。

（1）全面感知

全面感知解决的是人类社会与物理世界的数据获取问题。全面感知是物联网的"皮肤"和"五官"，主要功能是识别物体、采集信息。全面感知是指利用各种感知、捕获、测量等的技术手段，实时对物体进行信息的采集和获取。

实际上，人们在多年前就已经实现了对"物"局域性的感知处理。例如，测速雷达对行驶中的车辆进行车速测量，自动化生产线对产品进行识别、自动组装等。

现在，物联网全面感知是指物联网在信息采集和信息获取的过程中追求的不仅是信息的广泛和透彻，而且强调信息的精准和效用。"广泛"是指地球上任何地方的任何物体，凡是需要感知的，都可以纳入物联网的范畴；"透彻"是指通过装置或仪器，可以随时随地提取、测量、捕获和标识需要感知的物体信息；"精准和效用"是指采用系统和全面的方法，精准、快速地获取和处理信息，将特定的信息获取设备应用到特定的行业和场景，对物体实施智能化的管理。

在全面感知方面，物联网主要涉及物体编码、自动识别技术和传感器技术。物体编码用于给每个物体一个"身份"，其核心思想是为每个物体提供唯一的标识符，实现对全球对象的唯一有效编码；自动识别技术用于识别物体，其核心思想是应用一定的识别装置，通过被识别物品和识别装置之间的无线通信，自动获取被识别物品的相关信息；传感器技术用于感知物体，其核心思想是通过在物体上植入各种微型感应芯片使其智能化，这样任何物体都可以变得"有感觉""有思想"，包括自动采集实时数据（如温度、湿度）、自动执行与控制（如启动流水线、关闭摄像头）等。

（2）互通互联

互通互联解决的是信息传输问题。互通互联是物联网的"血管"和"神经"，其主要功能是信息的接入和信息的传递。互通互联是指通过各种通信网与互联网的融合，将物体的信息接入网络，进行信息的可靠传递和实时共享。

"互通互联"是"全面感知"和"智慧运行"的中间环节。互通互联要求网络具有开放性，全面感知的数据可以随时接入网络，这样才能带来物联网的包容和繁荣。互通互联要求传送数据的准确性，这就要求传送环节具有更大的带宽、更高的传送速率、更低的误码率；互通互联还要求传送数据的安全性，由于无处不在的感知数据很容易被窃取和干扰，因此要求保障网络的信息安全。

互通互联会带来网络"神经末梢"的高度发达。物联网既不是互联网的翻版，也不是互联网的一个接口，而是互联网的延伸。从某种意义上来说，互通互联就是利用互联网的"神经末梢"将物体的信息接入互联网，它将带来互联网的扩展，让网络的触角伸到物体之上，网络将无处不在。在技术方面，建设"无处不在的网络"，不仅要依靠有线网络的发展，还要积极发展无线网络，其中光纤到路边（FTTC）、光纤到户（FTTH）、无线局域网（WLAN）、卫星定位（GPS）、短距离无线通信（如 ZigBee、RFID）等技术都是组成"网络无处不在"的重要技术。有人预测，不久的将来，世界上"物物互联"的业务跟"人与人通信"的业务相比，将达到 30∶1。如果这一预测成为现实，物联网的网络终端将迅速增多，无所不在的网络"神经末梢"将真正改变人类的生活。

物联网建立在现有移动通信网和互联网等的基础上，通过各种接入设备与通信网和互联网相连。在信息传送的方式上，可以是点对点、点对面或面对点。广泛的互通互联使物联网能够更好地对工业生产、城市管理、生态环境和人民生活的各种状态进行实时监控，使工作和娱乐可以通过多方协作得以远程完成，从而改变整个世界的运作方式。

（3）智慧运行

智慧运行解决的是计算、处理和决策问题。智慧运行是物联网的"大脑"和"神经中枢"，主要包括网络管理中心、信息中心、智能处理中心等，主要功能是信息及数据的深入分析和有效处理。"智慧运行"是指利用数据管理、数据处理、模糊识别、大数据和云计算等各种智能计算技术，对跨地区、跨行业、跨部门的数据及信息进行分析和处理，以便整合和分析海量、复杂的数据信息，提升对物理世界、经济社会、人类生活各种活动和变化的洞察力，实现智能决策与控制，以更加系统和全面的方式解决问题。

智慧运行不仅要求物服从人，也要求人与物之间的互动。在物联网内，所有的系统与结点都有机地连成一个整体，起到互帮互助的作用。对于物联网来说，通过智能处理可以增强人与物的一体化，能够在性能上对人与物的能力进行进一步扩展。例如，当某一数字化的物体需要补充电能时，物体可以通过网络搜索到自己的供应商，并发出需求信号；当收到供应商的回应时，这个数字化的物体能够从中寻找到一个优选方案来满足自我的需求；而这个供应商，既可以由人控制，也可以由物控制。这类似于人们利用搜索引擎进行互联网查询，得到结果后再进行处理。具备了数据处理能力的物体，可以根据当前的状况进行判断，从而发出供给或需求信号，并在网络上对这些信号进行计算和处理，这成为物联网的关键所在。

仅仅将物连接到网络，还远远没有发挥出物联网的最大威力。物联网的意义不仅是连接，更重要的是交互，以及通过互动衍生出来的种种可利用的特性。物联网的精髓是实现人与物、物与物之间的相融与互动、交流与沟通。在这些功能中，智慧运行成为核心与灵魂。

4. 物联网技术趋势

动态 1：无源物联网凭借其极低的部署和维护成本、灵活多变的应用场景成为解决更大范围内终端供能需求问题、实现"千亿级互联"愿景的关键。

现存的物联网终端设备供能方式，按照是否拥有供电系统进行区分，分别对应由电池或电源供能的有源供能、无需电池供能的无源供能，以及介于无源方案与有源方案之间的半有源供能。因当前能量采集技术的发展水平受限，无源物联网终端的数据传输往往以低耗能的近距离、低速率通信技术为主。而在传输方式上，相比需要耗费更多能量主动生成信号，无源物联网终端更多依靠反向散射的方式反射接收到的射频信号以传输数据。无源物联网核心技术模块如图 1-1-1 所示。

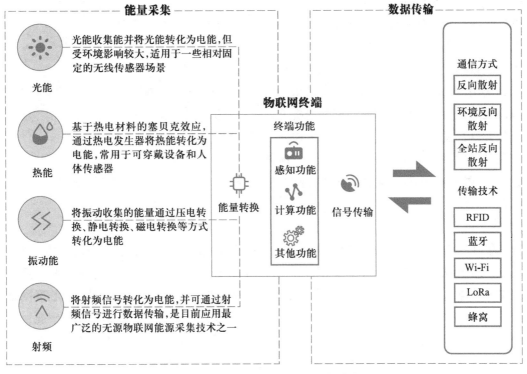

图 1-1-1　无源物联网核心技术模块

截至目前，无源物联网技术大致可分为以 RFID（射频识别）、NFC（近距离通信）为代表的较为成熟的技术应用、以 WilIoT 公司为代表的新兴技术，以及尚处于理论研究阶段的 LoRa、Passive Wi-Fi、5G、Sigfox 等技术 3 类。

在过去的数十年，以 NB-IoT、LoRa 等为代表的 LPWAN（低功耗广域物联网）技术之所以成功，是因其解决了百亿规模的物联网连接面临的低成本、低功耗、大连接的需求问题。但面对更加复杂的通信环境、多变的终端形态限制和通信成本需求，受制于电池的体积与成本，通过电池供能的物联网终端难以满足未来需求。凭借能量采集、反向散射以及低功耗计算，无源物联或成为实现"千亿级互联"愿景落地的关键。

动态 2：隐私计算融合区块链，保障数据价值安全释放的帕累托最优。

物联网设备连接量和产生的数据量级呈爆发式增长，数据价值挖掘、数据安全流通的市场需求日益急迫，隐私计算融合区块链技术能够在数据跨主体流通中提供安全保障，成为平衡数据安全和数据要素价值释放的重要方案。隐私计算基于密码学、机器学习等技术，也可以用不可见的密文得出计算结果，在保护主体信息安全的前提下实现数据交换和开放共享。而区块链技术作为重要补充，以其分布式存储、不可伪造、可追溯的特点，保障了信息源头的真实可靠。

"隐私计算 + 区块链"在物联网中的应用如图 1-1-2 所示。区块链技术确保物联网数据的真实可信；区块链本身具有不可篡改性，数据链上的记录和存证确保了数据源的真实可信，为后续数据分析、数据交易、数据开放共享提供真实、可靠的信息源基础。隐私计算技术保护数据主体的隐私安全；在多方参与者的联合数据分析中，以数据不离开本地、数据明文不暴露的方式，完成多源数据跨域融合、应用，参与方仅获得数据计算结果，协助企业或部门在保护数据隐私、商业机密的前提下，进行数据开放共享，发挥数据价值。在产业链协同发展、数据交易和开放共享需求的持续牵引下，"物联网 + 隐私计算 + 区块链"的技术融合将向各行业加速渗透。

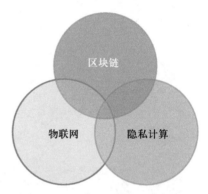

图 1-1-2 "隐私计算 + 区块链"在物联网中的应用

⚙ 【任务实施】

物联网是在互联网和通信网络的基础上，将日常用品、设施、设备、车辆和其他物品互相连通的网络。作为一个广义的概念，物联网利用传感器、通信网络、软件、控制系统等将物品与网络和其他物品进行连接和互动，实现现实世界的数字化和自动化。物联网改变了互联网中信息全部由人获取和创建，以及物品全部需要人类指令和操作的情况，未来将深远地影响生产生活中的每个方面。未来，世界上物和物互联的规模将远超人和人互联的规模，这种指数型的增长主要来自物品与物品之间多种多样的连接与自主运行。

2022 年 1 月，艾瑞咨询提出了物联网是信息联网、移动联网基础上的一种新的连接模式。从物联网的发展角度来看，物联网是移动互联网的一次升级，势必会从社会各个方面改变人们的生活环境。从 PC（个人计算机）联网到万物互联的模式变化如图 1-1-3 所示。

现在对物联网概念的定义有很多的版本，建议利用网络搜索工具，广泛收集，然后总结出自己的看法，用自己的语言解释一下什么是物联网。

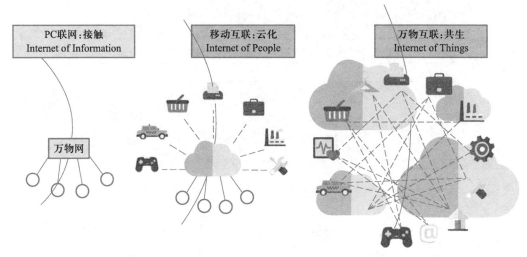

图1-1-3 从PC联网到万物互联的模式变化

【学习自测】

你身边有哪些物联网应用？它是如何改变你的生活的？

任务 1.1.2
物联网体系架构

物联网体系
架构

【任务引入】

物联网是一个层次化的网络。物联网可以分成哪几层？涉及哪些关键技术呢？

【知识准备】

从技术领域来看，物联网涉及传感器技术、无线通信技术、移动通信技术、嵌入式应用技术、信息处理技术、协议分析及算法设计等多技术领域；从网络组成来看，物联网涉及传感网、通信网、广电网、卫星网等多种网络，是由各种通信网络和互联网融合而成的；从物联网建设和使用的参与者来看，物联网包括物联网应用提供商、传感器件提供商、物联网基础设施提供商、数据服务提供商、政府、个人用户等。针对一个物联网系统，需要对其体系架构进行梳理，理解其拥有的不同网络、技术和各主体的角色及互动关系，以利于系统的设计与研发，或通过调整产业结构，促进物联网技术和应用快速、规模化发展。

1. 物联网三层体系架构

目前被广泛认可的物联网参考体系架构分为3层，如图1-1-4所示，分别是感知层、网络层和应用层。

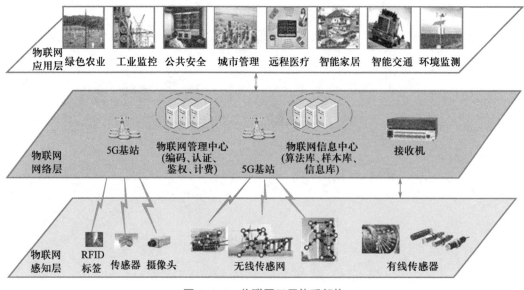

图 1-1-4　物联网三层体系架构

感知层负责信息采集和物物之间的信息传输。信息采集的技术包括传感器、条码、二维码、RFID 技术、音视频等多媒体信息；信息传输包括远、近距离数据传输技术，自组织网技术，协同信息处理技术，传感器中间件技术等。感知层提供实现物联网全面感知的核心能力，是物联网在关键技术、标准化、产业化方面亟待突破的部分。感知层的关键在于具备更精确、更全面的感知能力，并向低功耗、小型化和低成本的方向发展。

网络层是利用无线和有线网络对采集的数据进行编码、认证和传输。广泛覆盖的移动通信网络是实现物联网的基础，是物联网三层中标准化程度最高、产业化能力最强、最成熟的部分。网络层的关键在于针对物联网应用特征进行优化和改进，形成协同感知的网络。

应用层提供丰富的基于物联网的应用，是物联网发展的根本目标。应用层将物联网技术与行业信息化需求相结合，实现广泛智能化应用的解决方案。其关键在于行业融合、信息资源的开发利用、低成本高质量的解决方案、信息安全的保障及有效商业模式的开发。

尽管上述物联网体系架构系统地描述了物联网的核心组成部分及其相互关系，然而，就目前国内外物联网的发展来看，其并未能够有效地指导整个物联网产业，使其进入快速发展的通道。其部分原因在于，该体系架构对于网络层的描述过于概括，并且网络层本身从语义上容易让人与互联网协议中的网络层相混淆，因此在一定程度上阻碍了人们对上述物联网架构的认识。

从现状来看，目前业界对上述体系中网络层的认识还处于相对粗浅的层次，物联网产业界还没有充分发展网络层中对于物联网业务发展起到重大推动作用的物联网支撑平台，大多数应用仍只是把网络层当作物联网数据的传输通道，尚未利用网络层所提供的物联网运营支撑能力和业务支撑能力，充分发展和整合基于物联网支撑平台的物联网生态体系是业界需要协同推动和发展的方向。

2. 物联网"云－管－端"体系架构

对于物联网体系架构的理解不能仅从应用的视角出发，或者单纯从网络运营商角度考虑，而是应该把物联网当作一个完整的系统来看待，从全局的角度出发，系统地考虑物联网建设与发展过程中所需要涉及的各个环节、所在的层次及它们之间的联系。结合信息流的流向以及产业关联对象来梳理物联网架构中的各个层次，可以对物联网应用系统进行细分，形成"云－管－端"体系架构，如图1-1-5所示。物联网平台是物联网产业链的枢纽，向下接入分散的物联网传感层，汇集传感数据；向上面向应用服务提供商提供应用开发的基础性平台和面向底层网络的统一数据接口，支持具体的基于传感数据的物联网应用。

图 1-1-5 物联网"云－管－端"体系架构

终端层（端）：是物联网的"皮肤""五官"，主要用于识别物体、采集信息等。从传感器、计量器、监控终端等获取环境、物体或者运营状态信息，在对其进行适当的处理之后，通过传感器传输网关将数据传递出去；同时，通过物联网关（或家庭网关）接收控制指令信息，在本地将其传递给控制器件达到控制物品及运营的目的。在此层次中，感知及控制器件的管理、传输与接收网关、本地数据采集、信号处理和终端技术是重要的技术领域。

网络层（管）：是物联网的"神经中枢""大脑"，负责信息的传递和处理。通过公共网或者专用网以无线（或有线）的通信方式将信息、数据与指令在感知控制层与平台及应用层之间传递。其主要由运营商提供的各种广域IP通信网络组成，包括2G、3G、

4G、5G、NB-IoT等。

平台层（云）：在这一层，物联网的"社会分工"与行业需求结合，实现广泛智能化。丰富的应用是物联网的最终目标，可基于公共事业、行业、智慧家庭等领域衍生出多样化的物联网应用，创造巨大的社会价值。

可以看出，物联网平台是物联网网络架构和产业链条中的关键环节，通过它不仅能实现对终端设备和物品的"管、控、营"一体化，向下连接感知层，向上面向应用服务提供商提供应用开发能力和统一接口，还能为各行各业提供通用的服务能力，如设备管理、连接管理、业务使能等。

3. AIoT 产业链架构

AIoT 是新的物联网应用形态，将物联网产生并收集到的数据存储于云端，通过人工智能、大数据进行分析，并赋予其智能化特性，实现真正意义上的万物互联。

对于 AIoT 的概念，业内普遍认为 AIoT 即人工智能物联网，也称为智能物联网，广义上是指人工智能技术与物联网技术的融合及其在实际场景中的应用。

作为一种新的 IoT 应用形态，AIoT 与传统的 IoT 区别在于，传统的物联网是通过有线和无线网络，实现物-物、人-物之间的互联，而 AIoT 不仅是实现设备和场景间的互联互通，还要实现物-物、人-物、物-人、人-物-服务之间的连接和数据的交互。物联网与人工智能相融合，最终追求的是形成一个智能化生态体系，在该体系内，实现不同智能终端设备之间、不同系统平台之间、不同应用场景之间的互联互通。

AIoT 产业链架构如图 1-1-6 所示，主要分为端、边、管、云、用五大板块。

图 1-1-6　AIoT 产业链架构

"端"是指 AIoT 产业中的终端设备及相关的软硬件，主要包括端侧设备芯片、模组、感知设备、操作系统、AI 底层算法等。"端"是整个 AIoT 庞大系统中的"神经末梢"，承担着底层数据采集、信息传输，以及提供基础算力、算法等职能。

"边"是相对于"中心"的概念，泛指中心节点之外的位置。边缘计算则是指将计算及相关能力从中心处理节点下放至边缘节点后形成的，靠近终端的计算能力。边缘智能软硬件载体将信息下沉至网络边缘侧就近提供低时延的智能化服务。

"管"主要是指连接通道及相关产品、服务。通信网络将终端设备、边缘智能软硬件及云端连接成为整体。大物联时代带来的大连接数和复杂设备现场环境，使得有线连接捉襟见肘，因此在 AIoT 应用场景中，网络将逐步以无线连接为主。

"云"主要是指物联网相关的云化能力平台，包括物联网平台、AI 平台和以大数据、网络安全、区块链为代表的其他能力平台。云端平台是连接设备和支持场景应用的媒介，聚合了行业应用所需的开发工具、算法等能力。

"用"是指 AIoT 产业应用行业。从核心驱动要素来看，可分为消费驱动型、政府驱动型和产业驱动型行业。AIoT 的应用端是面向各个领域与行业的整体解决方案。

此外，AIoT 产业还包括"产业服务"板块，主要包括 AIoT 产业相关的各类联盟、协会、机构、媒体、投资基金等，这些组织为产业提供包括检测、标准制定、媒体、咨询、投融资等服务，是推动产业发展的重要力量。

智慧工地物联网应用架构体系如图 1-1-7 所示。通过建立智慧工地物联网平台和多部门终端统一管理，汇聚工地数据，支撑高效决策，促进工地的实时监管、部门协同和高效决策。

图 1-1-7　智慧工地物联网应用架构体系

【任务实施】

建筑业作为国民重要支柱产业之一，拥有广阔的蓝海市场，但建筑业同时亦是一个高危行业，即施工环境复杂、人员流动性大、材料粗放式管理、安全隐患多；极易受天气、人工、交通等外界因素影响，一旦发生突发事件会导致施工延期，收益骤降；工地场景多变，设备常面临如何防水供电等问题，以及施工现场网络不稳定；监控设备、传感设备等硬件配置需根据施工进度不断变换位置，搬运过程中碰撞时常发生，增加较多的额外成本。

面对建筑业如此复杂多变的需求，要想实现智能化、自动化的科技运作模式需要政府与各种数据的支持。这样的一种崭新的工程现场一体化管理模式，是"互联网+"与传统建筑行业的深度融合，可以减少突发事件的发生，保证工期的正常与施工现场的稳定，顺应环境与时代的变化。智慧工地的诞生为我们解决了后顾之忧。

请查阅资料，详细了解智慧工地，并结合上述内容，绘制智慧工地物联网体系架构图。

【学习自测】

试用自己的语言，描述物联网体系架构各层的功能。

物联网技术
标准

任务 1.1.3
物联网技术标准

【任务引入】

随着物联网技术的不断成熟和跨企业、跨地区商业应用的增多，物联网产品间的互通性变得越来越重要，标准化工作已经成为物联网领域普遍关注的热点。

【知识准备】

在标准方面，与物联网相关的标准化组织较多。目前，正在制定和已经出版的国际标准中有超过 400 个标准与物联网相关。其中，最为活跃的国际标准化组织包括 ITU-T、IEC、ISO/IEC JTC1、IETF IEEE 等。

1. 国际物联网标准的发展

国际电信联盟远程通信标准化组织（Telecommunication Standardization Sector of the International Telecommunications Union，ITU-T）创建于 1993 年，是国际电信联盟（ITU）旗下制定远程通信相关国际标准的专项组织。早在 2005 年，ITU-T 就开始进行物联网研究。2011 年 5 月 ITU-T 召开了第 1 次物联网全球标准化倡议活动，自此 ITU-T 正式开始了一系列物联网标准的制定工作。到目前为止，ITU-T 已经发布了物联网系列标准，如 Y.2060。

第三代合作伙伴计划（3rd Generation Partnership Project，3GPP）作为移动网络技术主要的标准化组织之一，其关注的重点在于增强移动网络能力，以满足物联网应用提出的新需求，它是在网络层面开展物联网研究的主要标准化组织。目前，3GPP 针对 M2M 的需求主要研究 M2M 应用对网络的影响，包括网络优化技术等。其具体研究范围：只讨论移动网内的 M2M 通信，不具体定义特殊的 M2M 应用。

因特网工程任务组（Internet Engineering Task Force，IETF）成立于 1985 年年底，是全球互联网最具权威的技术标准化组织，主要负责互联网相关技术规范的研发和制定，当前绝大多数国际互联网技术标准都出自 IETF。IETF 中的多个工作组，如 CoRE 工作组、6LoWPAN 工作组等，涉及互联网应用层和网络层（这里的应用层和网络层参考 ISO-OSI 模型）标准的制定。

电气和电子工程师协会（Institute of Electrical and Electronics Engineers，IEEE）自成立以来一直致力于推动电工技术在理论方面的发展和应用方面的进步，现在也开始着眼于物联网标准的制定工作，期望在物联网领域取得一定优势。IEEE 先后成立了 IEEE 2413（物联网体系架构）、IEEE 1451（智能接口）与 IEEE 802.15 等工作组来从事物联网的相关工作：IEEE 2413 主要针对物联网体系架构进行研究，于 2014 年年底成立；IEEE 1451 主要研究工作集中于传感器接口标准方面，发布了 IEEE 1451.1 ~ IEEE 1451.5 系列标准协议；IEEE 802.15 主要规范近距离无线通信，于 2003 年 10 月 1 日发布了第 1 版标准，即 IEEE 802.15.4—2003，随后又陆续发布了 IEEE 802.15.4—2006、IEEE 802.15.4—2011，并对以前的版本进行了完善与改进。

ZigBee 联盟成立于 2001 年 8 月，是 IEEE 802.15.4 组织对应的产业联盟。ZigBee 负责制定网络层到应用层的相关标准，针对不同的应用制定了相应的应用规范。其对应的物理层和链路层标准由 IEEE 802.15.4 组织研究制定。ZigBee 组织目前包含 23 个工作组和任务组，涵盖与技术相关的工作组：架构评估、核心协议栈、IP 栈、低功耗路由器、安全，以及与应用相关的工作组，如楼宇自动化、家庭自动化、医疗、电信服务、智能电力、远程控制、零售业务，还有与市场、认证相关的一些工作组。ZigBee 目前发布了 3 个版本的协议栈规范：第 1 个 ZigBee 协议栈规范于 2004 年 12 月正式生效，于 2005 年 9 月公布并提供下载，称为 ZigBee 1.0 或 ZigBee 2004；第 2 个 ZigBee 协议栈规范于 2006 年 12 月发布，此版本对 ZigBee 1.0 进行了标准修订，为 ZigBee 1.1 版（又称为 ZigBee 2006）；第 3 个 ZigBee 协议栈规范于 2007 年 10 月完成，称为 ZigBee Pro 或 ZigBee 2007。

开放移动联盟（Open Mobile Alliance，OMA）始创于 2002 年 6 月，是由 WAP 论坛（WAP Forum）和开放式移动体系结构（Open Mobile Architecture，OMA）两个标准化组织合并而成的。随后，区域互用性论坛（Location Interoperability Forum，LIF）、信息同步标准协议集（SyncML）、多媒体信息服务互用性研究组（MMS Interoperability Group，

MMS-IOP）和无线协会（Wireless Village）这些致力于推进移动业务规范工作的组织相继加入OMA。OMA终端管理协议（OMA DM协议）是目前M2M移动终端管理的热门协议之一，目前已有OMA DM 1.3和OMA DM 2.0两个版本。另外，为了支持资源受限设备的终端管理需求，OMA还制定了LightWeight M2M协议。

ISO/IEC JTC1下第五特别工作组（Special Work Group5，SWG5）于2012年在ISO/IEC JTC1第27次全体会议上成立。SWG5的主要任务是致力于物联网体系架构的研究。2014年，ISO/IEC JTC1 WG10（第十工作组）物联网工作组在ISO/IEC JTC1全体会议上成立，其主要目标是着手于物联网基本标准的制定，以便为物联网其他标准的发展奠定基础。制定物联网词汇的形式和定义、制定物联网的参考架构和基础协议等，都是WG10物联网工作组的任务。ISO/IEC JTC/WG7（传感网工作组）由中、美、德、韩4个国家推动并成立，其主要任务是开展传感网领域标准的制定。ISO/IEC JTC1 SC 41（国际标准化组织和国际电工委员会联合工作组1第41系统委员会）于2016年11月在JTC1（联合工作组1）大会上获得通过并成立。该委员会的主要工作包括开发和定义JTC1下关于物联网及其相关技术的国际标准，成立了物联网架构工作组（WG3）、物联网互操作工作组（WG4）、物联网应用工作组（WG5）。同时，成立了可穿戴技术研究组、可信物联网研究组、工业物联网研究组、边缘计算研究组、实时物联网研究组等。

除了前面介绍的物联网组织外，还有很多国际或区域标准化组织也从事与物联网相关的标准研究和制定。图1-1-8给出了物联网相关的标准化组织及其大体工作范围。

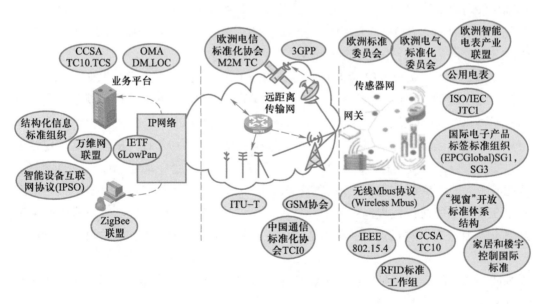

图1-1-8 物联网相关的标准化组织及其大体工作范围

2. 国内物联网标准的发展

物联网是一次科技革命，必然会引起社会的一次飞跃发展。作为最大的发展中国家，我国势必要抓住这次机遇，在建立自有技术体系的同时，也要专注于国内和国际标准的制定与契合。目前，我国在努力的过程中取得了一些进展。我国提交的"物联网概述"标准草案，于2012年3月30日经国际电信联盟审议通过，成为全球第1个物联网总体性标准。同年4月19日，由我国提交的《信息技术支持智能传感器网络协同信息处理的服务和接口规范》获得国际传感器网络工作组的认可。

中国通信标准化协会（China Communications Standards Association，CCSA）于2002年12月18日在北京正式成立。CCSA的主要任务是更好地开展通信标准研究工作，把通信运营企业、制造企业、研究单位、大学等关心标准的企事业单位组织起来，按照公平、公正、公开的原则制定标准，进行标准化的协调、把关，把高技术、高水平、高质量的标准推荐给政府，把具有中国自主知识产权的标准推向世界，支撑中国的通信产业，为世界通信作出贡献。2009年11月，CCSA成立了泛在网技术工作委员会（TC10），专门从事物联网相关的研究工作。

RFID标准工作组于2009年4月成立，在原信息产业部科技司领导下开展工作，致力于中国RFID领域的专项技术研究和标准制定，目前已取得一定的工作成果。

传感器网络标准工作组（WGSN）于2009年9月正式成立，工作内容包括中国传感器网络的技术研究，加快开展标准化工作，加速传感网标准的制定、修订工作，建立和不断完善传感网标准化体系，进一步提高中国传感网技术水平。

上述标准化组织各自独立开展工作，工作中各有侧重。WGSN偏重传感器网络层面，CCSA TC10偏重通信网络和应用层面，RFID标准工作组则关注RFID相关的领域。同时，各标准组织的工作也有不少重复的部分，如WGSN也会涉及传感器网络以上的通信部分和应用部分的内容，而CCSA也涉及一些传感网层面的工作内容。

2010年6月8日，物联网标准联合工作组成立，以便处理好各标准组织之间的横向沟通。物联网联合工作组旨在整合中国物联网相关标准化资源，联合产业各方共同开展物联网技术的研究，积极推进物联网标准化工作。

2010年11月9日，国家发展和改革委员会同国家标准化管理委员会批准成立了"国家物联网基础标准工作组"。该工作组旨在加快开展标准化工作，制定符合我国国情的物联网总体和通用标准，积极推进国际标准化工作，进一步提高我国物联网领域技术研究水平。表1-1-1给出了上述部分标准化组织的相关工作。

表1-1-1 我国标准化组织的相关工作

标准化组织	标准研究内容
中国通信标准化协会（CCSA）	TC10开展了泛在网术语、泛在网需求和泛在网总体框架与技术要求等标准项目
RFID标准工作组	专注于RFID技术标准体系研究、关键技术、编码标准制定和应用标准制定
国家传感器网络标准工作组（WGSN）	制定了传感器网络相关标准，包括总则、术语和接口等标准项目
国家物联网基础标准工作组	研究我国物联网术语和架构等标准

⚙ 【任务实施】

智慧工地是立足于"智慧城市"和"互联网+",采用云计算、大数据和物联网等技术手段,针对建设工程项目的信息特点,结合不同的需求,构建建设工程项目施工现场的信息化、一体化管理解决方案。

为全面贯彻党的二十大精神,落实科技创新的战略支撑作用,深入推进智能建筑和智慧工地发展,加强科技创新能力和工程建设标准化建设,推动智慧工地创建行动深入开展,促进建筑领域低碳发展,推进和规范智慧工地建设,国家和地方陆续出台了一系列相关规范及标准。

请查阅资料,了解智慧工地建设需符合哪些技术标准。

⚙ 【学习自测】

试描述与物联网相关的标准化组织及其大体工作范围。

习题与思考

一、填空题

1. 物联网是继_____、_____之后世界信息产业的第三次浪潮。

2. 目前被广泛认可的物联网三层体系架构分别是感知层、_____、_____。

3. 物联网"云－管－端"体系架构中的"云""管""端"分别指_____、网络层、_____。

4. ZigBee 负责制定_____层到_____层的相关标准。

5. CCSA 的主要任务是更好地开展通信标准研究工作，按照公平、_____、_____的原则制定标准。

二、简答题

1. 物联网之所以被称为第三次信息革命浪潮，主要源于哪几个方面？

2. 在过去的十几年间，从技术演进来看，信息网络的发展经历了哪些阶段？

3. 在物联网发展史上，有哪些重大的历史事件？（至少列举 3 个事件）

4. 列举物联网涉及的关键技术。

5. 举例说明物联网的应用场景和应用领域。

6. 列举与物联网相关的标准化组织。

7. 我国开展了哪些物联网相关标准的研究？

三、讨论题

1. 上网搜索"中国物联网宣传片"视频资料，分组讨论我国物联网的出现有哪些历史条件。

2. 面对物联网发展的历史机遇，作为与之相关专业的学生在职业规划和学习中，应该怎样积极行动起来，迎接挑战？

3. 物联网面临的挑战有哪些？物联网的应用前景是什么？

4. 物联网技术为什么需要标准化？

项目 1.2
认识建筑工程物联网

[学习目标]

知识目标

1. 了解建筑的分类和基本构成要素;

2. 了解建筑工程的基本属性;

3. 了解智能建造的概念。

技能目标

1. 能举例说出物联网在建筑工程中的具体应用;

2. 能够正确理解物联网在建筑工程中的应用价值。

素养目标

1. 能够适应行业变化和变革,具备信息化的学习意识;

2. 了解北斗卫星在建筑工程中的应用状况,坚定理想信念;

3. 具备良好的思想品德和吃苦耐劳的职业素养。

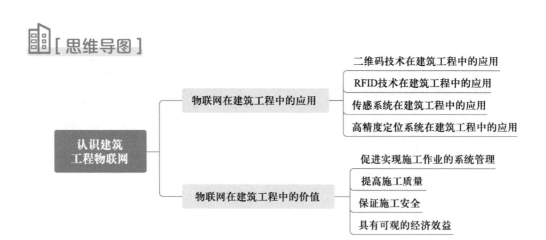

物联网在建筑工程中的应用

二维码技术在建筑工程中的应用

RFID技术在建筑工程中的应用

传感系统在建筑工程中的应用

高精度定位系统在建筑工程中的应用

认识建筑工程物联网

物联网在建筑工程中的价值

促进实现施工作业的系统管理

提高施工质量

保证施工安全

具有可观的经济效益

物联网在建筑工程中的应用

任务 1.2.1
物联网在建筑工程中的应用

❀【任务引入】

物联网在建筑工程的信息采集和传递等方面扮演着重要的角色。物联网根据其实质用途可以归纳为两种基本应用模式：一种是通过二维码、RFID等技术标识特定的对象，用于区别对象个体；另一种是基于云计算平台和智能网络，可以依据传感器网络中获取的数据进行决策，通过改变对象的行为进行控制和反馈。

❀【知识准备】

1. 二维码技术在建筑工程中的应用

目前，二维码在国内各大型建筑企业已有了较为成熟的应用。二维码技术具有信息承载量大、信息获取方式简单、容错能力强、生成便捷且成本低廉等特点。目前，二维码技术通过与 BIM 技术相融合，可以应用到建筑项目的全生命周期中。二维码技术主要在质量管理、物资设备管理、信息管理等方面得到了推广应用。

（1）质量管理

将施工工艺制成二维码，利用智能设备扫描二维码，即可获知详细的工艺说明，可供技术人员参考，使工程质量具有可追溯性；将日常检查内容创建记录模板，可以通过二维码记录例行巡检结果，方便后台进行统计分析；将项目的相关资料生成二维码，方便进行技术交底和竣工验收。通过二维码技术，能够有效提高质量管理的效率，有利于进一步保障施工质量。

（2）物资设备管理

一个工程在整个建设期需消耗大量的物资，各类物资数量、进场时间、储存时间、使用部位各异，同时，施工中会使用大量的机械设备，设备的合理定位及维护也是施工过程中关注的问题。为使得工程物资设备利用合理，降低损耗，在施工过程中需要投入较大的人力成本进行管理。

二维码的利用有效避免了以上问题，对所有原材料进行二维码标识，所有原材料进场后，统一粘贴标识牌，标识牌内附二维码，扫描即可显示进场时间、原材料厂家、规格、型号、合格证编号、是否送检、使用部位以及是否可以使用等信息，有利于材料的入场验收。通过与 BIM 三维模型进行联动，可以生成物料跟踪二维码，有利于物料的出入库管理，保证物料的有序控制。项目管理人员可以实时监测材料的库存，及时补充材料，防止由于材料短缺导致工期延误。设备管理与材料管理类似，通过扫描二维码可以获知设备信息，有利于设备的合理定位，在二维码中创建记录模板，在日常维护过程中可记录巡检的情况，及时发现设备存在的问题。

（3）信息管理

对于一个建筑项目来说，施工资料是非常庞大的。在施工过程中常常由于施工周期长、人员调换等问题引起资料的缺失，通过基于 Web（网络）平台的二维码技术，能够实现整理归类众多施工文件、快速查找档案等。将项目相关资料与二维码进行关联，可以对资料进行有序的分类，将合同、变更信息等资料在后台进行共享，便于各参与方协调沟通，也能避免由于重要资料丢失带来的困扰。此外，二维码技术能够实现对人员信息的管理，审核人员的资质，统计其培训、违规情况等。

2. RFID 技术在建筑工程中的应用

RFID 技术具有自动识别和追踪定位的特点，在建筑工程领域发挥着积极的作用，有利于施工现场对人员、材料、设备等的调度管理。

（1）自动识别信息

将人员、材料、设备等信息植入 RFID 芯片中，通过给建筑工人佩戴身份标识卡，系统可以对不同类别的人员进行身份属性管理，通过身份识别授权或规定人员不同的权限或管理措施，还可以自动记录人员的考勤情况。同时，在材料、设备上安装标签，管理者可以快速知悉材料及设备的信息，包括材料的使用记录、时间、最佳施工方法及位置，更有利于对"人、机、料"三大要素的管理。

施工质量问题一直是备受关注的问题。将 RFID 标签放置于混凝土上，或者将其埋入混凝土试块中，可以通过监测混凝土的温度及养护情况，来掌握混凝土凝固的最佳强度时机及拆模时间，从而有效地保证了混凝土浇筑的质量。

（2）追踪定位

RFID 技术可以对物体进行定位，将其运用到施工现场，可以有效地保证施工安全及施工效率。人员、材料、机具设备是施工现场流动性较大的因素，可利用 RFID 技术建立材料管理追踪系统，用以追踪材料的存放位置，同样，也可以对机具设备的位置进行追踪，通过合理调度人员、材料、设备，可以大大提高施工效率。在地下工程、管线铺设等复杂施工工序中，通过对特定材料进行定位可以节约施工时间。

追踪定位人员、材料、机具设备等位置，可以对施工现场状况进行监控。目前，可将 BIM 技术和 RFID 技术进行融合，发挥两者的优势。通过 RFID 技术对现场的人员、材料、设备等进行追踪监测，在 BIM 模型中预先设置安全分析规则，RFID 将实时信息传输到 BIM 模型中，就可以对人员安全状态进行分析，并向后台人员报警，采取相应的措施，这样可以有效降低安全事故的发生，保证人员的安全。

3. 传感系统在建筑工程中的应用

传感器技术在施工阶段的典型应用为"智慧工地"的建设。智慧工地是智慧城市的基础，是通过运用 BIM、信息化和物联网等技术手段，将现实物体数据与 BIM 模型相关联，结合信息化技术，形成互联协同、智慧建造、科学管控的施工项目信息化生态圈。将这些在虚拟现实环境下与物联网采集到的工程信息进行深入的数据挖掘分析，对现有数据进行实时监控，同时对未来发展趋势进行合理预测，消除不安全因素和隐患，实现工程施工可视化智能管理，提高工程信息化管理水平，从而逐步实现智慧建造。

（1）环境监测系统

随着环境问题越来越多地受到关注，建设施工现场的环境监测成为一项重要的工作，利用物联网对施工现场环境进行监控，可以对施工现场的噪声、扬尘、风速等情况实现全天候自动定量监测，无须专人值守，提升效率。

物联网施工环境监测系统一般由噪声实时监控系统、扬尘实时监控系统、视频叠加系统、数据采集 / 传输 / 处理系统、信息监控平台和客户终端等部分组成的集数据采集、信号传输、后台数据处理、终端数据呈现等功能于一体的施工现场环境监测系统。

环境监测系统能够实现全天候全时段扬尘、噪声等数据的自动采集，通过数字化工地综合平台，自动分析数据，最后以图形化的形式展示监测结果。在促进环保施工的同时，也能降低人员的劳动强度。

（2）对施工设备运行情况的监测和引导

利用物联网对施工设备进行运行情况的监测和引导也是物联网在建筑工程中的一项应用，常见的有塔式起重机（又称为塔机或塔吊）远程安全监控系统（又称为塔机黑匣子），主要应用于塔式起重机的实时监控，其中集成了大量的传感设备，可全程记录塔式起重机的使用状况并能规范塔式起重机的制造、安拆、使用行为，控制和减少生产安全事故的发生。塔机黑匣子可有效避免失误操作和超载，如果操作有误或者超过额定载荷时，系统会发出报警或自动切断工作电源，强迫终止违章操作；还可以对起重机的工作过程进行全程记录，记录不会被随意更改，通过查阅"黑匣子"的历史记录，即可全面了解到每一台塔机的使用状况。塔机黑匣子采用蓝色或灰白液晶屏，可显示当前重量、幅度、角度、额重、载荷率、工况等参数，以动画方式显示塔机运行情况，让监管人员了解塔机的实时运行情况。

（3）施工过程监测系统

在施工项目中布置视频监控系统，可实现对各监控点的实时图像监视、网络校时、录像资料查询等多项管理功能，从工人上下班、作业面安全行为监督、作业工人数量查询、防火、防盗等方面实现全动态管理。施工现场监控系统可以提供施工现场的直观情况，减少现场管理人员的数量，将现场施工监督部分转变为监控中心的远程监督。但传统的视频监控系统依然需要人工去分析现场的情况。视频监控系统正在向着"视频传感器"的方向发展，形成"视频物联网"。其本质是在原有视频监控的基础上进行联网，从传统的标量感知到新型的多媒体感知，从传统的简单感知到嵌入式"感知＋处理"，可以将收集到的数据进行自动分析处理，这是未来具有发展潜力的一大领域。

目前，在施工领域，深基坑、高支模等应用越来越普遍。其施工工艺复杂且危险性较高，将变形测量等传感器以及超限警报设备布置在高支模或深基坑等施工危险性较高的位置，实时监测施工位置周围环境参数的变化，实时将数据进行传输并报警，可以有效预防安全事故的发生。

4. 高精度定位系统在建筑工程中的应用

尽管我国施工技术经过多年的发展，但是技术方法仍不够先进高效。将高精度定位技术与运输设备、起吊设备、打桩设备结合，直接加速了施工的速率，提高了施工质量，摆脱了过去依靠人工监测的不智能、不灵活、效率低、失误率高、施工安全事故易发的缺点。

随着信息技术的发展，高精度定位技术将会在建筑中得到更多的应用。在铁路运输方面已经出现了基于高精度定位技术智能调度系统，依靠人员的目测很难准确、实时地了解车站内的位置及动态，利用高精度定位技术可以实现智能调度，极大地提高了工作效率。随着研究的深入，在施工过程中，也可能出现基于高精度定位技术的人员、材料等智能调度系统，推动智能建造的发展。

⚛ 【任务实施】

物联网技术的优势在于感知和互联，在物联网技术支持下，智能建造各阶段的工程信息，以及单个智慧建设项目之间将实现互联，使用者就可以及时、准确地掌握和了解智慧建设过程中人员、设备、结构、资产等关键信息，实现信息处理、分类、分析和响应过程，提供辅助决策方案，物联网的后台支撑技术还可以实现智能建造流程整合、虚拟化应用与调节控制、业务流程优化等工作。

请查阅资料，详细了解物联网在智能建造中的应用。

⚛ 【学习自测】

试用自己的语言，描述物联网技术在建筑工程中的具体应用。

物联网在建筑工程中的价值

任务 1.2.2
物联网在建筑工程中的价值

⚛ 【任务引入】

物联网作为智能建造中的一项关键技术，起着感知建造环境、生产和传递数据的关键作用。

⚛ 【知识准备】

1. 促进实现施工作业的系统管理

土木工程的产品是固定的，而生产活动是流动的，这就构成了建筑施工中空间布置与时间排列的主要矛盾。同时受建筑施工生产周期长、综合性强、技术间歇性强、露天作业多、自然条件影响大和工程性质复杂等方面的影响，施工任务往往由不同专业的施工单位和不同工种的工人、使用各种不同的建筑材料和施工机械来共同完成，其协作配合关系亦较复杂。通过物联网技术，能够对施工现场进行实时管控，能够实时定位人员、材料、设备等，能够更好地调度资源，提高工作效率。

2. 提高施工质量

土建施工规模大、工期长，整体施工质量监督困难，一旦出现失误，就会造成重大的经济损失。运用物联网技术能够把各种机械、材料、建筑体通过传感网和局域网进行系统处理和控制，同步监控土建施工的各个分项工程，严格保证了施工质量。物联网技术对施工质量的意义主要体现在以下几个方面。

（1）精确定位

定位和放线工作是施工的首要步骤，其精确程度直接决定了施工质量能否达标。传统的施工定位主要是使用一些光学仪器和简单的测量设备完成，其精度较低，容易产生累加误差。通过物联网定位技术，可以快捷测得待定位点附近事物的局域坐标，并依此进行定位。

（2）保证材料质量

材料（包括原材料、成品、半成品、构配件）质量是整个工程质量的保证，只有材料质量达标，工程质量才能符合标准。基于物联网技术的建筑原材料供应系统以微电子芯片作为数据载体，将其安装到建筑原材料包装上，可以通过无线电波进行数据通信。微电子芯片可以对任何物品给予唯一的编码，并且，射频技术可突破条形码必须近距离直视才能识别的缺点，无须打开商品包装或隔着障碍物即可识别，并可进行批量识别，商品一旦进入射频识别的有效区域，就可以立即被识别并转化成数字化信息。同时，还能对基于物联网技术的建筑原材料供应链全过程进行实时监控和透明管理，随时获取商品信息，提高自动化程度，使供应链管理更加透明，并实现智能化供应链管理。

（3）环境控制

影响工程质量的环境因素主要有温度、湿度、水文、气象和地质等，各种环境因素会对工程质量产生复杂多变的影响。散布于施工场地的各种传感器能将这些环境因素的变化及时传输到处理中心，并向管理人员提供警示，为管理人员采取防御措施争取宝贵的时间。

（4）对受损构件进行修复补救

在施工时将 RFID 标签安装到构件上，可以对各个构件的内部应力、变形、裂缝等变化实时监控。一旦发生异常，可及时进行修复和补救，最大限度地保证施工质量。

3. 保证施工安全

安全问题贯穿于工程建设的整个过程，影响施工安全的因素错综复杂，管理的不规范和技术的不成熟等问题都有可能导致施工安全问题。物联网技术主要可以从以下几个方面减少事故的发生，保证施工安全。

（1）生产管理系统化

通过射频识别技术对人员和车辆的出入进行控制，保证人员和车辆出入的安全。通过对人员和机械的网络管理，使之各就其位、各尽其用，防止安全事故的发生。

（2）安防监控与自动报警

无线传感网络中节点内置不同的传感器，能够对当前状态进行识别，并把非电量信号转变成电信号，向外传递。通过集成不同模式的无线通信协议，信息可以在无线局域网、蓝牙、广播电视、卫星通信等网络之间相互漫游，从而达到更大地域范围的网络连接。云计算技术的发展与物联网的规模化相得益彰。自动报警系统网络逐步规模化，数据会变得异常庞大，通过运用云计算技术，可以在几秒之内达成处理数以千万计甚至亿计信息的目的，可对物体实现智能化的控制和管理。

（3）设备监控

把感应器嵌入塔机、电梯、脚手架等机械设备中，通过对其内部应力、振动频率、温度、变形等参量变化的测量和传导，从而对设备进行实时监控，以保证操作人员以及其他相关人员的安全。

4. 具有可观的经济效益

提高企业的经济效益不仅意味着盈利的增加和企业竞争力的提高，也有利于国民经济和社会的发展。物联网技术在建筑行业的应用，必将大大提高生产效率，进而提高企业的经济效益。

（1）材料成本的降低

材料成本在工程预算中占比很大。通过采用 RFID 技术对材料进行编码，实现建筑原材料的供应链的透明管理，可以便于消费单位选取最合适的材料，省去中间环节，减少材料的浪费。在物联网技术的支持下，可以最大限度地控制材料成本。

（2）提高效率，节约时间

物联网技术可以实现对人和机械的系统化管理，使得施工过程井井有条，有效地缩短了工期。另外，管理的优化可以大幅节约人力成本和租用机械的费用，对提高经济效益也有很大的帮助。

（3）及时补救和维护

基于物联网的监控技术，可以从源头上发现建筑构件的错误和缺陷，并及时补救，从而避免造成更大的经济损失。

⚛ 【任务实施】

利用网络搜索工具，广泛收集物联网在现实生活中的应用，并总结出看法，试阐述物联网在建筑工程中的应用价值。

⚛ 【学习自测】

物联网作为智能建造中的一项关键技术，在建筑工程中起着感知建造环境、生产和传递数据的关键作用。它在建筑工程中的价值主要包括哪几方面的内容？

习题与思考

一、填空题

1. 通过二维码、_____等技术标识特定的对象，用于区别_____。
2. 基于云计算平台和智能网络，可以依据传感器网络用获取的数据进行_____，改变对象的行为进行控制和_____。

二、简答题

1. 根据实质用途，物联网有哪两种基本应用模式？
2. 与传统建造相比，引入物联网技术的建筑工程有哪些优势？

三、讨论题

1. 试列举至少3种应用在建筑工程中的物联网技术，并分别列举它们在建造过程中应用的3个方面。
2. 对于复杂但明确的施工工作流程，预先拆解、设计流程和规范，结合通过物联网及智能硬件设备获取到的现场情况，可以避免纯人工方式的疏漏，切实起到提效作用。试用自己的语言，描述物联网技术在建筑工程中起着怎样的关键作用。

模块 **2**
物联网感知层传感技术及应用

项目 2.1
数据采集类传感技术及应用

[学习目标]

知识目标

1. 学习数据采集类传感器的基本概念、基本特性；

2. 学习数据采集类传感器的结构、工作原理；

3. 学习数据采集类传感器的选用原则。

技能目标

1. 能够理解数据采集类传感器的基本概念和工作原理；

2. 能够对数据采集类传感器选型；

3. 会用数据采集类传感器采集数据。

素养目标

1. 能够适应行业变化和变革，具备信息化的学习意识；

2. 了解数据采集类传感器实际应用场景，坚定理想信念；

3. 具备健康的心理和良好的身体素质；

4. 具备良好的思想品德和吃苦耐劳的职业素养；

5. 具备行业规范操作的意识。

- 数据采集类传感技术及应用
  - 烟雾传感器及应用
    - 传感器的组成
    - 传感器的分类
    - 传感器的主要性能指标
    - 传感器的选型
    - 烟雾传感器
    - 实验硬件平台
    - 实训台软件介绍
    - AD/DA转换器PCF8591
  - 倾斜传感器及应用
    - 倾斜传感器的定义
    - 倾斜传感器的常用类型
    - SW520D型倾斜传感器的应用
  - 激光传感器及应用
    - 激光传感器的定义
    - 激光传感器的常用类型
    - 激光传感器的应用
  - 红外避障传感器及应用
    - 红外避障传感器的定义
    - 红外避障传感器的常用类型
    - 红外避障传感器的应用

烟雾传感器
及应用

任务 2.1.1
烟雾传感器及应用

【任务引入】

在智慧工地应用中，通过装设烟雾传感器模块，及时监测、识别人们无法及时发现的安全隐患，如烟雾、明火等异常现象，以便让值班人员尽快发现事故隐患。智慧工地中通常会配备消防设备及联动系统，通过使用有效的措施，防止事故引发，从而可以及时降低安全隐患，保证建筑工业生产活动的安全质量水平。

【知识准备】

1. 传感器的组成

传感器一般由敏感元件、转换元件、基本转换电路 3 部分组成，如图 2-1-1 所示。

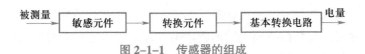

图 2-1-1 传感器的组成

敏感元件：它是直接感受被测量，并输出与被测量成确定关系的某一物理量的元件。例如，半导体气敏传感器是利用气体在半导体表面的氧化和还原反应导致金属氧化物阻值变化。

转换元件：敏感元件的输出就是它的输入，它把输入转换成电路参量。

基本转换电路：转换元件的输出就是它的输入，它把输入转换成电量输出。

2. 传感器的分类

传感器的分类方法有很多种，常用的分类方法如下。

按照工作机理，传感器可以分成物理型、化学型、生物型等。

按照物理原理，传感器可以分成电参量式传感器，包括电阻式、电感式、电容式 3 个基本形式；磁电式传感器，包括磁电感应式、霍尔式、磁栅式等；压电式传感器；光电式传感器，包括一般的光电式、光栅式、激光式、光电码盘式、光导纤维式、红外式、摄像式等；气电式传感器；热电式传感器；波式传感器，包括超声波式、微波式等；射线式传感器；半导体式传感器。

半导体式传感器是以半导体为敏感材料，如气敏、光敏、磁敏、湿敏、色敏、霍尔元件等，利用各种物理量的作用，引起半导体内载流子浓度或分布的变化，来反映被测量的一类新型传感器。很多半导体式传感器的工作原理兼具有电参量式传感器特点，也可看成电参量式传感器。

半导体气敏传感器是指用来检测气体的类别、浓度和成分的传感器，主要用于工业的天然气、煤气、石油、化工、冶炼、矿山开采等领域的易燃、易爆、有毒等有害气体的监测、预报和自动控制。

按照输出是模拟量还是数字量，传感器可以分成模拟传感器和数字传感器。

3. 传感器的主要性能指标

传感器的特性主要是指输出与输入之间的关系。当输入量为常量或者变化极慢时，这一关系称为静态特性，常用静态指标来衡量；当输入量随时间较快地变化时，这一关系称为动态特性，常用动态指标来衡量；在此介绍静态指标。

传感器输出的变化量 Δy 与引起该变化量的输入变化量 Δx 之比称为传感器的灵敏度，其表达式为

$$k = \Delta y / \Delta x \qquad (2\text{-}1\text{-}1)$$

由式（2-1-1）可见，传感器输出曲线的斜率即为其灵敏度。对具有线性特性的传感器，灵敏度 k 是一常数，与输入量大小无关。

分辨力是指传感器能检测到的最小的输入增量。分辨力用绝对值表示，用与满量程比值的百分数表示时称为分辨率。

静态误差是指传感器在其全量程内任一点的输出值与其理论值的可能偏离程度。静

态误差包括了非线性误差、灵敏度误差、迟滞误差、重复性误差等。

传感器的精确度是指传感器的输出指示值与被测量约定真值的一致程度，它反映了传感器测量结果的可靠程度。

4. 传感器的选型

在进行数据采集时，传感器作为感知层元件，首先要对其进行选型。通常要从以下方面来选择与系统相适应的传感器：① 应用场合；② 使用的环境条件；③ 传感器的封装；④ 传感器的属性，如精度、额定电流等；⑤ 性价比等。

5. 烟雾传感器

MQ-2 型号的烟雾传感器是采用二氧化锡半导体气敏材料所制成的，其表面为离子形式的 N 型半导体，如图 2-1-2 所示。如果温度处在 200～300℃条件下，二氧化锡能够吸附周围空气中的氧气，转变成氧的负离子进行吸附作用，促使半导体中的电子密度有所降低，进而导致其电阻值升高。如果和烟雾发生相应接触时，当晶粒间界处位置的势垒受到烟雾的调制作用而发生相应改变，则会导致表面电导率产生变化。利用这一点就可以获得这种气体存在的信息，某种气体的浓度越大，导电率越大，输出电阻越低，则输出的模拟信号就越大，再经过模数转换电路，公式换算，便可以得到具体的气体浓度。

图 2-1-2　MQ-2 烟雾传感器

在智慧工地应用中，烟雾传感器模块会安装在建筑物内部的关键位置，如通风管道处。当烟雾传感器检测到环境中的烟雾浓度超过了设定的阈值，就会触发警报系统，提醒值班人员及时处理。此外，在智慧工地中，烟雾传感器还可以与其他设备进行联动，如自动启动喷水系统、开启防烟门等，从而最大限度地降低烟雾带来的安全隐患。

在本书配套的实验设备中，MQ-2 型号的烟雾传感器会根据烟雾浓度，通过数模转换模块，将信号传递给蜂鸣器，发出警报。

6. 实验硬件平台

实训台硬件主板选用 Jetson Nano，配备 Ubuntu18.04 操作系统，支持 NVIDIA CUDA 工具包、cuDNN 和 TensorRT 库，支持 OpenCV 和 ROS 等计算机视觉和机器人开发框架；支持运行 TensorFlow、Pytorch、Keras、Caffee/Caffee2 和 MXNet 等，支持构建图像识别、对象检测和定位、姿势估计、语义分割、视频增强和智能分析等自主机器和复杂 AI 系统；可实时处理多达 8 个高清全动态视频，处理速度为每秒 500 万像素（MP/S），如图 2-1-3 所示。Jetson Nano 主板规格参数见表 2-1-1。

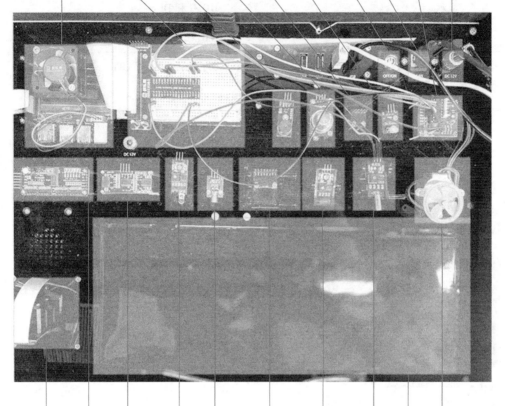

图 2-1-3 实训台硬件

表 2-1-1 Jetson Nano 主板的规格参数

部件	参　数
CPU	四核 ARM A57@1.43 GHz
GPU	128 核 Maxwell
显存	4 GB 64 位 LPDDR4 内存
存储	Micro SD 卡槽，支持 128G 内存 TF 卡
视频编码	4K@30|4 × 1 080p@30|9 × 720p@30（H.264/H.265）
视频解码	4K@60|2 × 4K@30|9 × 1 080p@30|18 × 720p@30（H.264/H.265）
摄像头接口	2 个 MIPI CSI-S DPHY 通道
连接	千兆以太网，M.2 Key E

部件	参　　数
显示	HDMI 和 DP
USB	4 个 USB 3.0、USB2.0 Micro-B
其他	GPIO、I2C、I2S、SPI、UART
尺寸	100 mm × 80 mm × 29 mm

7. 实训台软件介绍

进行实验的软件整体依托 JupyterLab 而开展。JupyterLab 作为一种基本的 web 集成开发环境，可以编写 notebook、操作终端、编辑 markdown 文本、打开交互模式、查看 csv 文件及图片，支持运行 Python、R、Julia 和 JavaScript 等其他 40 种语言，如图 2-1-4 所示。

图 2-1-4　实训平台软件

（1）软件平台的打开方式

开机自启动进入实训台应用程序，并且默认进入全屏展示界面。界面主要分为三大模块：新手教学，如图 2-1-5 所示；物联网（实验），如图 2-1-6 所示；AI（实验），如图 2-1-7 所示。

（2）启动相应的实验

单击实验名称对应的按钮，即可进入相应的实验运行脚本界面，开始实验，如图 2-1-8 所示。

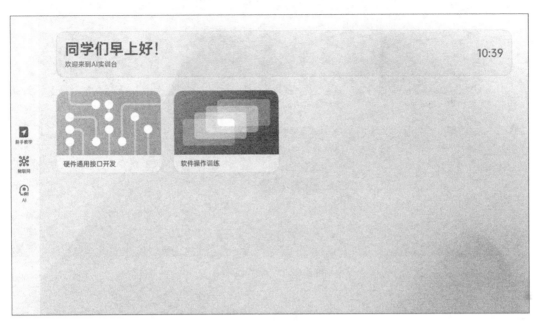

图 2-1-5　新手教学

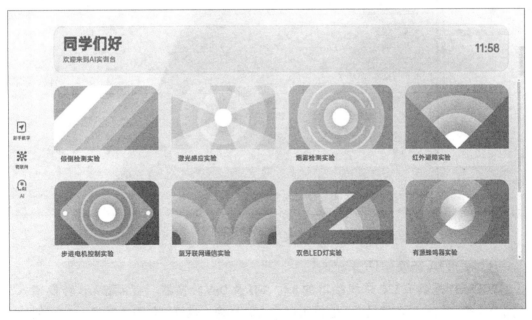

图 2-1-6　物联网（实验）

图 2-1-7　AI（实验）

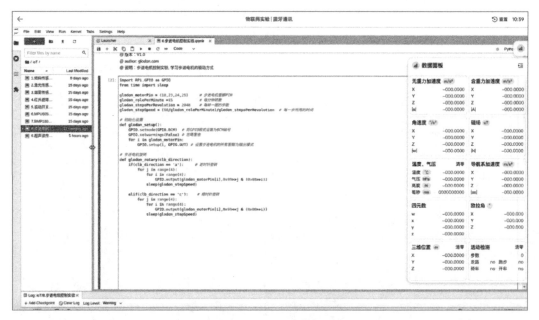

图 2-1-8　开始实验

8. AD/DA 转换器 PCF8591

PCF8591 是具有 I2C 总线接口的 8 位 A/D 及 D/A 转换器。有 4 路 A/D 转换输入，1 路 D/A 模拟输出。这就是说，它既可以作 A/D 转换，也可以作 D/A 转换。A/D 转换为逐次比较型，在与 CPU 的信息传输过程中仅靠时钟线 SCL 和数据线 SDA 就可以实现，如图 2-1-9 所示。

图 2-1-9　AD/DA 转换器 PCF8591

⚛【任务实施】

实验步骤如下。

第一步，按照接线电路图（图 2-1-10），完成传感器模块的接线连接。接线面包板如图 2-1-11 所示。

接线的基本要求如下。

① 通过 T 型转接板，将模块 VCC、GND 引脚分别与开发板 VCC、GND 接口相连接，DO 引脚与 Jetson Nano 板的任一 I/O 接口相连接。接好 VCC 和 GND 后，模块电源指示灯会亮。要注意电源极性不能接反。

② MQ-2 型号烟雾传感器模块输出低电平时，开关信号指示 LED 发光；当输出高电平（电平接近于电源电压）时，开关信号指示 LED 不发光。

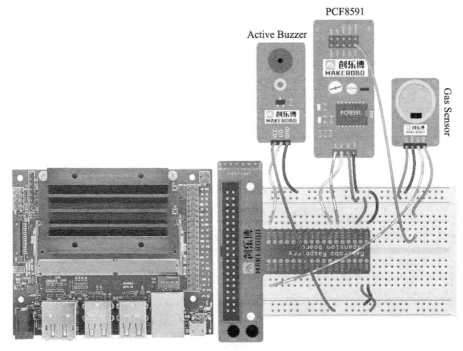

图 2-1-10　接线电路图

图 2-1-11　接线面包板

③ 通过 T 型转接板，将模块分别与 PCF8591 模块和 Jetson Nano 板相连接，引脚的连接见表 2-1-2。电压等级为 3.3～5 V，并通过有源蜂鸣器传递信号，发出警报。MQ-2 型号烟雾传感器模块与 T 型转接板和 PCF8591 模块相连接的引脚见表 2-1-3。Jetson Nano 板与 T 型转接板和有源蜂鸣器相连接的引脚见表 2-1-4。

表 2-1-2　T 型转接板与 PCF8591 模块和 Jetson Nano 板相连接的引脚

Jetson Nano 板	T 型转接板	PCF8591 模块
SDA	SDA	SDA
SCL	SCL	SCL
5V	5V	VCC
GND	GND	GND

表 2-1-3　MQ-2 型号烟雾传感器模块与 T 型
转接板和 PCF8591 模块相连接的引脚

MQ2 气体传感器模块	T 型转接板	PCF8591 模块
D0	GPIO17	*
A0	*	AIN0
VCC	5V	VCC
GND	GND	GND

表 2–1–4　Jetson Nano 板与 T 型转接板和有源蜂鸣器相连接的引脚

Jetson Nano 板	T 型转接板	有源蜂鸣器
GPIO1	GPIO18	I/O
3.3V	3.3V	VCC
GND	GND	GND

第二步，检查接线是否完好无误。

第三步，打开实验脚本，运行脚本。

第四步，观察传感器响应和输出结果，并做好相关记录，如图 2-1-12 所示。

图 2-1-12　观察传感器响应和输出结果

⚛ 【学习自测】

试根据实际环境需要，选取合适的气体传感器，并进行实物接线。

任务 2.1.2
倾斜传感器及应用

倾斜传感器
及应用

⚛ 【任务引入】

在智慧工地应用中，通过装设倾斜传感器模块，可以实时监测塔机的倾斜和变形情况，从而确保塔机结构的稳定性和安全性，避免塔机发生倾倒或工人被吊臂夹击等事故；同时，监测塔机与周围环境的距离，防止塔机碰撞或挂钩物品时对周围环境造成损害。在塔机升降过程中，实时监测塔机的倾斜情况，避免升降时发生倾斜过大或倾斜不均匀的情况，保障工人的安全；在塔机维护保养过程中，可通过倾斜传感器对塔机的倾斜情况进行监测和调整，保证塔机运行平稳和安全，提高工程的安全性和效率，降低事故风险和维修成本。

⚛ 【知识准备】

智慧工地是指利用物联网、云计算、大数据等信息技术手段，对建筑工地进行全方位、全过程、全时空的监督、管理和控制。它涉及工地的设计、施工、验收、维护等各环节，旨在提高工地安全、效率、质量等方面的水平，降低人力、物力、时间等成本，推动建筑行业的智能化、数字化和绿色化发展。倾斜传感器在智慧工地上具有广泛的应用，可以用于监测和控制各种工地设备和结构的倾斜角度、姿态和变形等参数。

在高层建筑工地上，塔机是必不可少的重要设备，因为它能够提供高空作业的支持。然而，由于塔机长期在高空运行，且受到风、地基不稳定等因素的影响，容易出现倾斜或者不平衡，从而危及人员安全。因此，为了保障人员的安全，需要安装倾斜传感器监测塔机的倾斜角度。

1. 倾斜传感器的定义

倾斜传感器是一种测量物体倾斜角度的传感器，通过检测重力加速度来计算物体的倾斜角度，并将其转换成电信号输出，常用于测量和控制自动化系统中的倾斜角度。倾斜传感器通常由重力传感器和信号处理电路组成，具有精度高、响应快速、稳定性强等特点，可广泛应用于工业、航天、地质勘探等领域。

2. 倾斜传感器的常用类型

在智慧工地中，常用的倾斜传感器包括 MEMS（Micro-Electro-Mechanical System, 微机电系统）倾斜传感器、电容式倾斜传感器和 MEMS 陀螺仪倾斜传感器等。这些传感器可以应用于机器人和自主导航车辆的姿态控制、土木工程中的测量和监控等方面，有助于提高工作效率和安全性。

① MEMS 倾斜传感器：一种利用微机电系统技术制成的传感器，其本质是通过检测重力加速度的变化来测量倾斜度。它利用 MEMS 技术制造出微型化的加速度计，通过检测物体受到的重力加速度方向和大小的变化来计算其倾斜角度。由于其结构简单、成本低、易于集成等优点，常用于建筑、矿山、桥梁、机械等领域的倾斜测量和姿态控制中。

② 电容式倾斜传感器：一种利用电容变化来检测物体倾斜角度的传感器，具有高精度、长寿命等特点，广泛应用于建筑工程、港口码头、自动化控制等领域。

③ MEMS 陀螺仪倾斜传感器：一种通过检测角速度或角度的变化来测量物体倾斜度的传感器。它采用 MEMS 技术制造出微型化的陀螺仪，通过感受物体的旋转角度和加速度来计算物体的倾斜角度和方向。传感器内部集成了 3 个微机械加速度计和 3 个微机械陀螺仪，用于测量物体在 x、y、z 3 个方向上的加速度和旋转角度。传感器通过采集加速度计和陀螺仪的数据，并对数据进行处理和计算，最终得到物体的倾斜角度和方

向。由于其具有精度高、稳定性好、响应速度快等优点，常用于汽车、飞机、导航、船舶等领域的姿态控制和导航系统中。MEMS 陀螺仪倾斜传感器适用于需要高精度和高速响应的应用场景。

3. SW520D 型倾斜传感器的应用

SW520D 型倾斜传感器是一种基于微机电系统（MEMS）技术的传感器，可以通过测量物体的倾斜角度来输出电信号，如图 2-1-13 所示。其工作原理基于物理原理中的重力加速度传感器，通过检测传感器受到的重力加速度的变化来计算其倾斜角度。

图 2-1-13　SW520D 型倾斜传感器

SW520D 倾斜传感器是通过倾斜开关来感知物体倾斜角度的变化（精度可以达到 15 ~ 45°），进而输出特定电信号的模块化电路。在倾斜开关中金属球以不同的倾斜角度移动从而触发电路。倾斜开关模块的结构为双向传导的球形倾斜开关，当它向任一侧倾斜时，只要倾斜度和力满足条件，开关就会通电，从而输出低电平信号。

在本书配套的实验设备中，SW520D 型倾斜传感器是一种滚珠型倾斜感应单方向性触发开关。水平状态放置的倾斜开关探头在受到外力作用后，向右偏离水平状态位置 15° 以上时，倾斜开关内部的金属球触点动作，常闭触点断开，此时输出低电平信号；当外力消失后，倾斜开关恢复到水平状态，金属球触点又闭合，此时输出高电平信号。

在智慧工地应用中，采用倾斜传感器实时监测塔机的倾斜和变形情况，确保塔机的结构稳定性和安全性，避免事故发生，提高工程的安全性和效率，降低事故风险和维修成本。

对倾斜传感器进行实验所需的相关内容，包括实验硬件平台、实训台软件以及 AD/DA 转换器 PCF8591 等在任务 2.1.1 烟雾传感器及应用中已经详细介绍。此处不再赘述。

⚛ 【任务实施】

实验步骤如下。

第一步，按照接线电路图（图 2-1-14）完成传感器模块的接线连接。接线面包板和双色 LED 模块分别如图 2-1-11、图 2-1-15 所示。

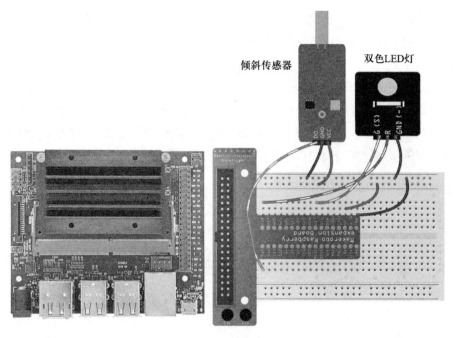

图 2-1-14　接线电路图

接线的基本要求如下。

① 通过 T 型转接板，将模块 VCC、GND 引脚分别与开发板 5V、GND 接口相连接，DO 引脚与 Jetson Nano 板的任一 I/O 接口相连接。接好 VCC 和 GND 后，模块电源指示灯会亮。应注意，电源极性不能接反。

图 2-1-15　双色 LED 模块

② 将模块由水平向竖直方向慢慢旋转，模块在无倾斜或者倾斜角度达不到设定阈值时，DO 口输出高电平；当传感器倾斜角度超过设定阈值时，模块 DO 口输出低电平。倾斜传感器模块在输出低电平时，开关信号指示 LED 发光；当输出高电平（电平接近于电源电压）时，开关信号指示 LED 不发光。

③ SW520D 型倾斜传感器模块与 T 型转接板和 Jetson Nano 板相连接的引脚见表 2-1-5。Jetson Nano 板与 T 型转接板和双色 LED 模块相连接的引脚见表 2-1-6。

表 2-1-5　SW520D 型倾斜传感器模块与 T 型转接板和 Jetson Nano 板相连接的引脚

Jetson Nano 板	T 型转接板	SW520D 倾斜传感器模块
GPIO0	GPIO17	DO
5V	5V	VCC
GND	GND	GND

表 2-1-6　Jetson Nano 板与 T 型转接板和双色 LED 模块相连接的引脚

Jetson Nano 板	T 型转接板	双色 LED 模块
GPIO1	GPIO18	R（中间）
5V	GND	GND（－）
GPIO2	GPIO27	G（S）

第二步，检查接线是否完好无误。

第三步，打开实验脚本，运行脚本，并按照脚本提示给予外部输入动作，如图 2-1-16 所示。

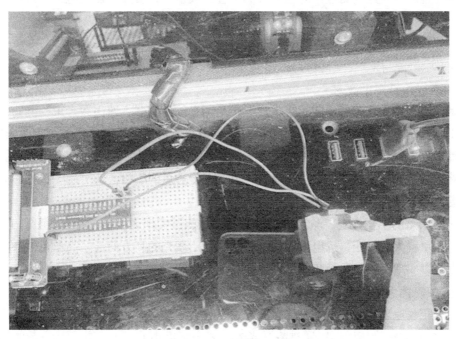

图 2-1-16　外部输入动作

第四步，观察传感器响应和输出结果，并做好相关记录。

◎ 【学习自测】

试分析倾斜传感器的工作原理，且倾斜传感器是如何检测物体发生倾倒，以及发生倾倒后作何反应。

任务 2.1.3
激光传感器及应用

⚙ 【任务引入】

在建筑工程质量管理过程中，通过装设激光传感器模块对一些部位进行实测实量，如抹灰后墙体表面的平整程度、墙体的垂直程度、阴阳角方正程度、同一房间混凝土顶板的平整程度等，这些测量作为重要分部工程验收依据，贯穿了建筑施工全过程并涵盖混凝土、砌筑、抹灰及机电施工各主要阶段。

⚙ 【知识准备】

1. 激光传感器的定义

激光传感器是一种利用激光技术进行距离测量的传感器，使用激光束探测物体并获得关于物体位置、形状和材料属性的信息。它由激光器、激光检测器和测量电路组成，是一种新型测量仪表，一般由一个 650 nm 的红色激光二极管头和一个电阻组成。激光传感器常用于长度、距离、振动、速度、方位等物理量的测量，还可用于探伤和大气污染物的监测等。

作为新型的测量仪表，激光传感器的优点是能够实现无接触远距离测量，速度快，精度高，量程大，抗光、抗电干扰能力强等。利用激光的高方向性、高单色性和高亮度等特点可以实现无接触远距离测量。

2. 激光传感器的常用类型

根据测量原理和用途，激光传感器分为多种类型。常见的激光传感器分类如下。

① 接触式激光传感器：通过将激光光束聚焦到极小的点上，并测量点与物体表面的距离来实现测量。这种传感器适用于需要精确定位和测量物体表面的形状的应用，如制造业中的加工和装配等。

② 无接触式激光传感器：使用 ToF（飞行时间法）技术来测量物体与传感器之间的距离，而无须接触物体表面。这种传感器适用于无接触测量，如机器人导航、3D 扫描和测量等。

③ 激光扫描仪：使用激光束扫描物体表面，获取物体的三维形状信息。这种传感器适用于需要高精度、高速度的三维建模和测量，如地形测量、建筑物测量和文物保护等。

④ 激光雷达：使用 ToF 技术来测量物体与传感器之间的距离，并通过扫描激光束来获取物体的三维形状信息。这种传感器适用于车辆导航、机器人探测和安全监测等。

⑤ 光纤激光传感器：利用光纤传输激光束，可以将传感器远离被测物体的位置，

适用于需要在高温、高压和强磁场等恶劣环境下进行测量的应用。

⑥ 激光干涉传感器：通过将激光光束分为两束，并将它们合并在一起以形成干涉条纹来测量物体的形状和表面质量。这种传感器适用于需要高精度测量的应用，如微机械加工、光学制造和微米级检测等。

智慧工地中常用的激光传感器包括激光测距传感器和激光扫描仪。激光测距传感器属于无接触式激光传感器的一种，它使用激光束对目标进行测距，不需要接触目标表面，其主要用于测量物体的距离和位置，适用于智能定位、导航、避障和监测等场景。而激光扫描仪则可用于进行三维建模、地形测量、建筑物测量和文物保护等任务，是智慧工地中常用的高精度、高速度的传感器之一。

3. 激光传感器的应用

650 nm 红色激光传感器模块是一种将 650 nm 波长的红色激光用于传感的模块，如图 2-1-17 所示。它可以测量距离、位置和运动，具有高精度和高速度的特点。

激光传感器的工作原理：利用激光束在空间中的传播速度是已知的常数，通过测量激光束从发射到接收的时间差，就可以计算出光束传播的距离。结合激光传感器的工作原理和建筑工程中的应用场景，可以实现以下功能。

① 抹灰后墙体表面的平整程度：利用激光传感器扫描墙体表面，测量不同位置的距离，通过比较距离的差异，可以得出墙体表面的平整度。

② 墙体的垂直程度：利用激光传感器测量不同高度位置处墙体的距离，通过比较不同高度位置处墙体的距离差异，可以判断墙体是否垂直。

图 2-1-17　650 nm 红色
激光传感器模块

③ 阴阳角方正程度：利用激光传感器测量不同角度处的距离，通过比较不同角度处的距离差异，可以判断阴阳角是否方正。

④ 同一房间混凝土顶板的平整程度：利用激光传感器在不同位置扫描顶板表面，测量不同位置处的距离，通过比较不同位置处的距离差异，可以得出顶板表面的平整度。

通过激光传感器进行实测实量，可以提高工程验收的精度和可靠性，减少工程质量问题的出现。

在本书配套的实验设备中，650 nm 红色激光传感器模块的工作原理是将发射的激光束照射到目标物体上，经过反射后再被接收器接收。通过测量激光的时间差，可以计算出目标物体与模块之间的距离。

在任务 2.1.1 烟雾传感器及应用中，详细介绍了进行激光传感器实验所需的相关内容，包括实验硬件平台、实训台软件以及 AD/DA 转换器 PCF8591 等。此处不再赘述相关内容。

⊛【任务实施】

实验步骤如下。

第一步，按照接线电路图（图2-1-18），完成传感器模块的接线连接。接线面包板如图2-1-11所示。

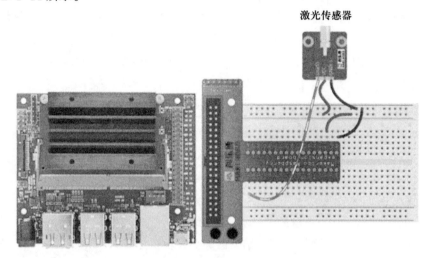

图 2-1-18　激光传感器接线电路图

接线的基本要求如下。

① 通过T型转接板，将模块VCC、GND（−）引脚分别与开发板5V、GND接口相连接，SIG（S）引脚与Jetson Nano板和T型转接板的I/O接口相连接。接好模块VCC和GND后，模块电源指示灯会亮。应注意，电源极性不能接反。

② 激光传感器模块与T型转接板和Jetson Nano板相连接的引脚见表2-1-7。

表 2-1-7　激光传感器模块与 T 型转接板和 Jetson Nano 板相连接的引脚

Jetson Nano 板	T 型转接板	650nm 红色激光传感器模块
GPIO0	GPIO17	SIG（S）
5V	5V	VCC
GND	GND	GND（−）

第二步，检查接线是否完好无误。

第三步，打开实验脚本，运行脚本，待传感器（闪烁）有响应，打开并关闭激光传感器（有 0.5 s 延迟）。

第四步，观察传感器响应和输出结果，并做好相关记录。

⊛【学习自测】

试分析激光传感器的工作原理，并能按照电路图完成传感器模块硬件接线。

任务 2.1.4
红外避障传感器及应用

红外避障传
感器及应用

⚛ 【任务引入】

在智慧工地应用中，通过装设红外避障传感器，可实时监测周围环境中出现的障碍物和危险区域，如机器设备、高空吊装区、坑洞等。当有人或物体进入预设的安全距离时，传感器会立即发出警报，提醒工作人员及时采取措施，避免发生危险。同时，智慧工地中一般会配备安全监控系统及联动设备，通过使用有效的措施，防止事故发生，从而可以及时降低安全隐患，保证建筑工业生产活动的安全质量水平。红外避障传感器还可以用于施工监测、交通管理和环境监测等方面，在智慧工地中具有广泛的应用前景，可以提高工作效率和施工质量，确保工作人员的安全和健康。

⚛ 【知识准备】

1. 红外避障传感器的定义

红外避障传感器是一种基于红外线技术的传感器。它能够探测周围环境中的障碍物，并根据传感器接收到的信号来调整机器人或其他设备的运动轨迹，以避免发生碰撞和损坏。这种传感器是通过发射红外线信号来探测周围环境中的障碍物的。

红外避障传感器通常包括两个主要部分：发射器和接收器。发射器会发出一定频率的红外线，然后接收器会接收到从周围环境中反射回来的红外线信号。根据接收到的信号强度和时间差，接收器可以判断出障碍物的距离和位置，然后据此控制机器人或其他设备的运动轨迹，使其避开障碍物。

2. 红外避障传感器的常用类型

（1）根据传感器的检测范围和距离分类

根据传感器的检测范围和距离，红外避障传感器分为近距离传感器、中距离传感器和远距离传感器。

① 近距离红外避障传感器的检测距离一般在几厘米到几十厘米之间。这种传感器一般用于检测物体的接近和离开，如手指、门、窗等。这种传感器通常采用调制红外线的方式，可以避免环境光对传感器的影响。近距离红外避障传感器被广泛应用于智能家居中，如自动门、自动灯光等。

② 中距离红外避障传感器的检测距离一般在几十厘米到几米之间。这种传感器一般用于检测物体的位置、形状和大小，如人体、车辆、机器等。中距离红外避障传感器通常采用窄带滤波器来过滤环境光，以避免干扰。这种传感器被广泛应用于工业自动化中，如生产线上的物料检测、机器人导航等。

③ 远距离红外避障传感器的检测距离一般在几十米到几百米之间。这种传感器一般用于检测远处的物体，如车辆、船只、飞机等。远距离红外避障传感器通常采用长波红外线，可以穿透更远的距离。这种传感器被广泛应用于智慧城市中，如交通管理、安防监控等。

（2）根据传感器的工作原理和结构分类

根据传感器的工作原理和结构，红外避障传感器可以分为以下多种类型。

① 红外对射传感器：它由发射器和接收器组成。发射器和接收器分别安装在被检测区域的两端。发射器向接收器发射红外线，当物体挡住红外线时，接收器接收不到信号，从而产生避障信号。红外对射传感器具有测距精度高、抗干扰能力强的特点，适用于长距离检测和强光照射下的环境。

② 红外反射传感器：它由发射器和接收器组成。发射器向物体发射红外线，物体反射红外线，接收器接收反射回来的红外线信号，当物体靠近时，信号强度会变弱，从而产生避障信号。红外反射传感器具有结构简单、使用方便的特点，适用于小范围检测和低光照下的环境。

③ 红外探测传感器：它只有一个传感器，可以检测物体发出的红外线，当物体靠近时，传感器检测到红外线强度的变化，从而产生避障信号。红外探测传感器具有结构简单、成本低廉的特点，适用于小范围检测和低光照下的环境。

④ 红外热像传感器：它可以感知物体的热辐射，通过对物体热辐射的不同程度进行分析，可以得知物体的距离和大小，从而产生避障信号。红外热像传感器具有无需光源、成像清晰的特点，适用于特殊环境下的避障应用，如夜间和烟雾环境下的避障。

3. 红外避障传感器的应用

红外线是指波长为 0.75 ~ 1 000 μm 的电磁波。它能够穿透雾霾、烟雾、尘埃等物质，因此可以在复杂的环境中使用。

红外避障传感器是一种基于红外线技术的传感器，其原理是利用发射红外线的发射器和接收红外线的接收器进行测量，如图 2-1-19 所示。当有障碍物进入传感器的监测范围内，它会反射红外线，传感器接收器检测到反射信号的强度和时间差，从而判断障碍物与传感器的距离和位置，进而发出警报或触发相应的安全措施。

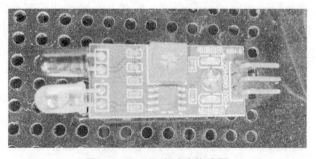

图 2-1-19　红外避障传感器

在智慧工地应用中，红外避障传感器的原理可以帮助管理人员监测周围环境中出现的障碍物和危险区域，从而保证工作人员的安全和健康。例如，在高空吊装区域，红外避障传感器可以帮助监测吊装绳索与人员的距离，避免发生意外；在机器设备区域，红外避障传感器可以帮助监测设备与人员的距离，避免设备操作不当而引发危险。

红外避障传感器在智慧工地应用中的作用是非常重要的，可以提高工作效率和施工质量，同时确保工作人员的安全和健康。

在本书配套的实验设备中，红外避障传感器模块具有一对红外发送和接收传感器，红外 LED 发出一定频率的红外信号，当出现障碍物时，红外光线打到障碍物上，它会被接收器感应到的障碍物反射回去，从而达到检测到前方存在障碍物从而选择避开的目的。

对红外避障传感器进行实验所需的相关内容，包括实验硬件平台、实训台软件以及 AD/DA 转换器 PCF8591 等在任务 2.1.1 烟雾传感器及应用中已经详细介绍。此处不再赘述。

⚛ 【任务实施】

实验步骤如下。

第一步，按照接线电路图（图 2-1-20），完成传感器模块的接线连接。

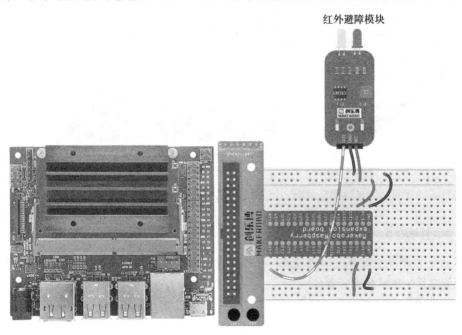

图 2-1-20 红外避障传感器接线电路图

接线的基本要求如下。

① 通过 T 型转接板，将模块 VCC、GND 引脚分别与开发板 5 V、GND 接口相连接，OUT 引脚与 Jetson Nano 板和 T 型转接板的 I/O 接口相连接。接好模块 VCC 和 GND

后，模块电源指示灯会亮。要注意电源极性不能接反。

② 2～30 cm 红外避障模块与 T 型转接板和 Jetson Nano 板相连接的引脚见表 2-1-8。
Jetson Nano 板与 T 型转接板和双色 LED 模块相连接的引脚见表 2-1-6。

表 2-1-8　2～30 cm 红外避障模块与 T 型转接板和 Jetson Nano 板相连接的引脚

Jetson Nano 板	T 型转接板	2～30 cm 红外避障模块
GPIO0	GPIO17	OUT
5V	5V	VCC
GND	GND	GND

第二步，检查接线是否完好无误。

第三步，打开实验脚本，运行脚本，并按照脚本提示给予一定的外部输入动作，如
图 2-1-21 所示。

图 2-1-21　外部输入动作

第四步，观察传感器响应和输出结果，并做好相关记录。

⚛【学习自测】

掌握红外避障传感器的工作原理。红外避障传感器是如何检测到障碍物的？能够对前
方多少距离内的障碍物进行避障？

一、填空题

1. 传感器的组成包括_____、_____、_____。

2. 传感器的静态性能指标主要包括_____、_____、_____、_____。

3. 倾斜传感器用来检测一定角度的_____或_____。

4. SW520D 型倾斜传感器主要有两种状态：_____和_____。

5. 倾斜传感器会将倾斜信号转换成_____信号。

6. 激光传感器由_____、_____和_____组成。

7. 激光传感器的优点是能实现_____、_____测量、_____、_____，量程大，抗光、电干扰能力强等。

8. 红外避障传感器由_____和_____组成。

9. 红外线在通过大气层时，有_____、_____和_____3 个波段通过率最高。

二、简答题

1. 烟雾传感器的工作原理是什么？
2. 倾斜传感器的工作原理是什么？
3. 激光传感器的工作原理是什么？
4. 红外避障传感器的工作原理是什么？

三、讨论题

1. 传感器的分类有哪些？
2. 倾斜传感器能感知物体倾斜角度的变化，对于方向能否感知？为什么？

项目 2.2
设备执行类传感技术及应用

[学习目标]

知识目标

1. 学习设备执行类传感器的基本概念、基本特性；

2. 学习设备执行类传感器的结构、工作原理；

3. 学习设备执行类传感器的选用原则。

技能目标

1. 能够理解设备执行类传感器的基本概念和工作原理；

2. 能够对设备执行类传感器选型；

3. 会用设备执行类传感器处理数据。

素养目标

1. 能够适应行业变化和变革，具备信息化的学习意识；

2. 了解设备执行类传感器实际应用场景，坚定理想信念；

3. 具备健康的心理和良好的身体素质；

4. 具备良好的思想品德和吃苦耐劳的职业素养；

5. 具备行业规范操作的意识。

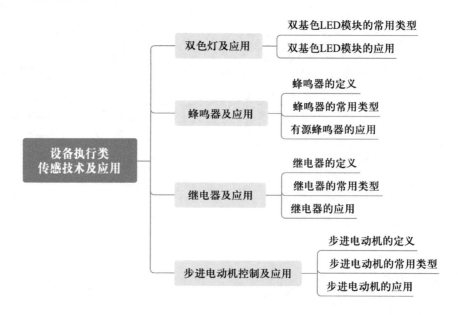

双色灯及应用

任务 2.2.1
双色灯及应用

❀【任务引入】

双色 LED（light emitting diode）在智慧工地中被广泛应用，它主要用于现场监测预警。其应用包括安全预警、位置跟踪和机器状态预警。双色 LED 可根据工作流程自动切换发光颜色以预警潜在的安全隐患，指引操作人员实时掌握物料位置变化，以及让工作人员及时发现设备异常或故障现象以采取措施，降低损失。

❀【知识准备】

1. 双基色 LED 模块的常用类型

准确地说，双色 LED 灯称为双基色 LED 灯。双基色 LED 模块（dual color LED module）是一种半导体发光器件，其发光原理是基于发光二极管的基本原理。发光二极管是由 P 型半导体和 N 型半导体组成的结构，当加上正向偏置电压时，P 型半导体和 N 型半导体之间的 PN 结区就会发生电子和空穴的复合，能量释放时会以光的形式发出，形成发光现象。

根据不同的控制方式和应用需求，双基色 LED 模块可分为以下类型。

① 常亮型双基色 LED 模块：它是将两个 LED 芯片分别连接在两个不同的引脚上，其中一个芯片是红色的，另一个芯片是绿色的。该模块通过控制不同的输入电压，使两个 LED 芯片发出不同的亮度的光，从而达到显示不同颜色的效果。常亮型双基色 LED 模块通常用于显示需要在不同背景下清晰显示的场合，如 LED 屏幕、显示器、手持设备等。

② PWM（脉冲宽度调制）调光型双基色 LED 模块：PWM 是指在一个时间周期内，控制信号不断地在高电平和低电平之间切换，高电平的时间占比就是脉冲宽度，PWM 调光型双基色 LED 模块通过改变输入电压的占空比，从而控制两个 LED 芯片的亮度和发光时间比例。由于人眼的暂留效应，人眼无法分辨高频率的闪烁，因此 PWM 调光型双基色 LED 模块通常用于需要调节亮度的场合，如 LED 灯、背光源等。

③ 数字控制型双基色 LED 模块：它是一种可编程的 LED 模块，可以通过数字信号控制其亮度和颜色。数字控制型双基色 LED 模块通常集成在数字 LED 屏幕、广告牌等场合。

④ RGBW 四基色双基色 LED 模块：它包括一个红色 LED 芯片、一个绿色 LED 芯片、一个蓝色 LED 芯片和一个白色 LED 芯片。该模块通过控制不同的亮度和颜色比例，可以显示出多种不同的颜色和白色光。RGBW 四基色双基色 LED 模块通常用于需要多彩和白光的场合，如照明灯、舞台灯光等。

2. 双基色 LED 模块的应用

双基色 LED 模块是由两个单色 LED 芯片组成的，如图 2-2-1 所示。其中，一个 LED 芯片通常是红色的，另一个芯片可以是绿色、蓝色或黄色等其他颜色。相比传统的单色 LED，双基色 LED 模块可以实现不同颜色的光输出，广泛应用于各种需要颜色变换的场合。在智慧工地中，双基色 LED 模块可以帮助实现现场监测及预警。例如，可以将双色 LED 模块用于安全预警，当检测到潜在的安全隐患时，LED 模块自动切换发光颜色以提醒工作人员注意，从而避免事故的发生；还可以用于位置跟踪，通过控制不同颜色的 LED 发光，可以指引操作人员实时掌握物料位置变化；此外，双基色 LED 模块还可以用于机器状态预警，当设备出现异常或故障时，LED 模块会自动切换发光颜色以提醒工作人员及时采取措施，降低损失。

双基色 LED 模块在智慧工地中的作用非常重要，可以通过自动切换不同颜色的 LED 发光，帮助实现现场监测及预警，提高工作效率和施工质量，同时保证工作人员的安全和健康。

在本书配套的实验设备中，双基色 LED 模块中采用的是红色和绿色的组合。在双基色 LED 模块中，为了控制红色 LED 和绿色 LED 发光的亮度和颜色，需要控制其电流的大小和方向。一般采用共阳或共阴的方式控制电流，根据电流的大小和方向能够控制两种 LED 的发光强度和比

图 2-2-1　双基色 LED 模块

例，从而达到控制双基色 LED 模块发光的颜色和亮度的效果。本实验设备电路采用共阴的方式。

除了电流控制，双基色 LED 模块还可以通过 PWM 控制，通过改变脉冲宽度和频率就能够控制双基色 LED 模块发光的亮度和颜色。在实际应用中，PWM 控制方式更加常见，因为其具有调节精度高、反应速度快、控制灵活等优点。

对双基色 LED 传感器进行实验所需的相关内容，包括实验硬件平台、实训台软件以及 AD/DA 转换器 PCF8591 等在任务 2.1.1 烟雾传感器及应用中已经详细介绍。此处不再赘述。

⚛ 【任务实施】

实验步骤如下。

第一步，按照接线电路图（图 2-2-2），完成传感器模块的接线连接。接线面包板如图 2-1-11 所示。

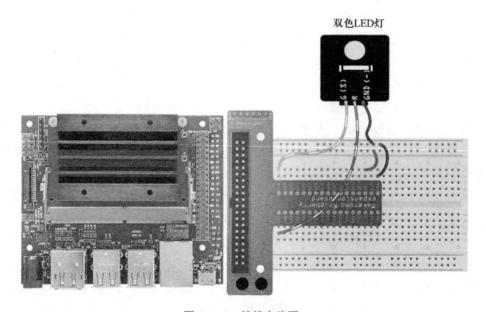

图 2-2-2　接线电路图

接线的基本要求如下。

① 通过 T 型转接板，将模块 GND 引脚与开发板 GND 接口相连接，G（S）、R（中间）引脚与 Jetson Nano 板、T 型转接板的 I/O 接口相连接。应注意，电源极性不能接反。

② 将引脚 S（绿色）和中间管脚（红色）连接到 Jetson Nano 的 GPIO 接口上，对 Jetson Nano 进行编程控制，将 LED 的颜色从红色变为绿色，然后使用 GPIO 数字信号控制。

③ 红绿双色 LED 模块与 T 型转接板和 Jetson Nano 板相连接的引脚见表 2-2-1。

表 2-2-1　红绿双色 LED 模块与 T 型转接板和
Jetson Nano 板相连接的引脚

Jetson Nano 板	T 型转接板	红绿双色 LED 模块
GPIO1	GPIO18	G（S）
GPIO0	GPIO17	R（中间）
GND	GND	GND

第二步，检查接线是否完好无误。

第三步，打开实验脚本，运行脚本，并按照脚本提示给予一定外部输入动作。

第四步，观察传感器响应和输出结果，并做好相关记录，如图 2-2-3、图 2-2-4
所示。

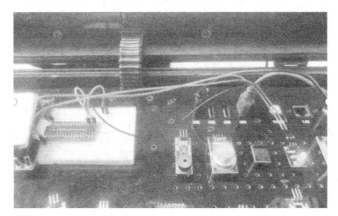

图 2-2-3　LED 灯呈现红色显示

图 2-2-4　LED 灯呈现绿色显示

蜂鸣器及应用

【学习自测】

试分析双基色二极管模块的工作原理，理解为什么它可以发出不同颜色的光。

任务 2.2.2
蜂鸣器及应用

【任务引入】

在智慧工地应用中，蜂鸣器被广泛应用于监测报警，主要包括安全报警和装备状态报警。它可以发出声音告警，及时发现危险和异常情况，防止现场安全事故的发生。此外，蜂鸣器还可以用于语音提示，在控制室操作设备时，根据指令发出语音提示，提高工作效率。

【知识准备】

1. 蜂鸣器的定义

蜂鸣器是一种用于发声的电子元器件，在工业、交通、家电、通信、安防等领域得到了广泛应用，常被用于发出警报、提示、警示等声音信号。

2. 蜂鸣器的常用类型

（1）按照驱动方式分类

按照驱动方式，蜂鸣器可以分为无源蜂鸣器和有源蜂鸣器，如图 2-2-5 所示。这里的"源"是指激励源。

和电磁扬声器一样，无源蜂鸣器传感器模块没有内部驱动电路，内部没有激励源，需要接在音频输出电路中，采用频率脉冲驱动方式（外部驱动），只有给它一定频率的方波信号，驱动频率可变，才可发出各种有频率的声音信号。

有源蜂鸣器传感器模块不需要外部的激励源，内置振荡器，只需要接入直流电源，常通过两个引脚接一个直流电源，且只能发出单一的声音提示性报警声音（声音频率相对固定）。

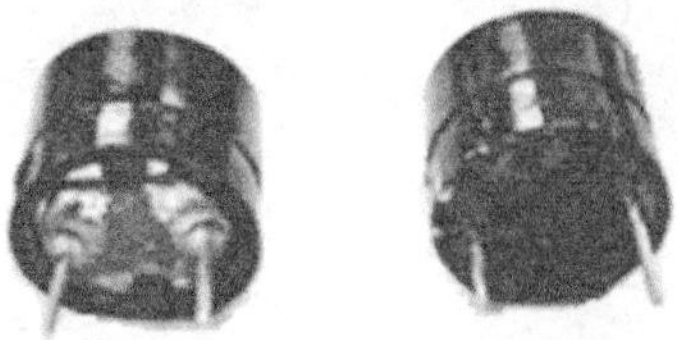

(a) 无源蜂鸣器　　　　(b) 有源蜂鸣器

图 2-2-5　无源蜂鸣器和有源蜂鸣器

（2）按照构造方式分类

按照构造方式，蜂鸣器可以分为电磁式蜂鸣器和压电式蜂鸣器。

电磁式蜂鸣器的工作原理是通过电流使得线圈产生磁场，磁场作用于振动片，振动片因此开始振动，从而产生声音。电磁式蜂鸣器的发声频率可以通过改变电流大小和方向来调整。

压电式蜂鸣器的工作原理是通过施加电场使得压电陶瓷材料变形，从而使得陶瓷材料和振动片开始振动，并最终产生声音。压电式蜂鸣器的发声频率可以通过改变施加的电场强度和频率来调整。

电磁式蜂鸣器产生的声音相对于压电式蜂鸣器更加清晰、响亮和稳定。这是由于电磁式蜂鸣器的振动频率较低，能够产生更为饱满的声音。而压电式蜂鸣器的声音质量相对较差，声音较为尖锐，难以听清。

由于电磁式蜂鸣器具有较高的音质和音量，因此它广泛应用于警报系统、汽车警报器、家电等需要发出较大声音的场合。压电式蜂鸣器由于体积小、轻便易携带，因此常用于电子设备中的声音提示，如手表、手机、计算机等。

3. 有源蜂鸣器的应用

在本书配套的实验设备中，采用的是有源蜂鸣器，将蜂鸣器的引脚朝上，若可以看到带有绿色电路板的引脚的是无源蜂鸣器，带有黑色塑料外壳而不是绿色电路板的蜂鸣器是有源蜂鸣器，如图 2-2-6 所示。有源蜂鸣器内部有一个简单的振荡电路，能将恒定的直流电转化成一定频率的脉冲信号，程序控制方便但频率固定，如单片机的一个高低电平就可以让其发出声音。

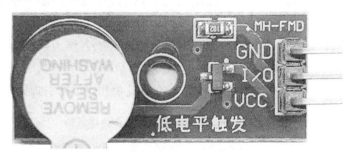

图 2-2-6 有源蜂鸣器

对有源蜂鸣器进行实验所需的相关内容，包括实验硬件平台、实训台软件以及 AD/DA 转换器 PCF8591 等在任务 2.1.1 烟雾传感器及应用中已经详细介绍。此处不再赘述。

⊛【任务实施】

实验步骤如下。

第一步，按照接线电路图（图 2-2-7），完成蜂鸣器模块的接线连接。接线面包板如图 2-1-11 所示。

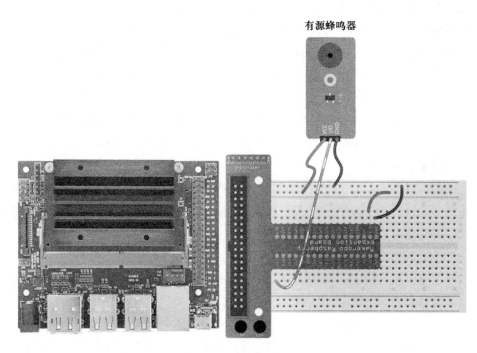

有源蜂鸣器

图 2-2-7 接线电路图

接线的基本要求如下。

① 通过 T 型转接板，将模块 VCC、GND 引脚分别与开发板 3.3V、GND 接口相连接，I/O 引脚与 Jetson Nano 板、T 型转接板的 I/O 接口相连接。接好模块 VCC 和 GND 后，模块电源指示灯会亮。应注意，电源极性不能接反。

② 有源蜂鸣器内含一个简单的振荡电路，程序控制方便但频率固定，通过 Jetson Nano 板单片机的一个高、低电平让其发出声音。

③ 有源蜂鸣器模块与 T 型转接板和 Jetson Nano 板相连接的引脚见表 2-2-2。

表 2-2-2　有源蜂鸣器模块与 T 型转接板和

Jetson Nano 板相连接的引脚

Jetson Nano 板	T 型转接板	有源蜂鸣器模块
GPIO0	GPIO17	I/O
3.3V	3.3V	VCC
GND	GND	GND

第二步，检查接线是否完好无误。

第三步，打开实验脚本，运行脚本，并按照脚本提示给予一定外部输入动作。

第四步，观察传感器响应和输出结果，并做好相关记录，如图 2-2-8 所示。

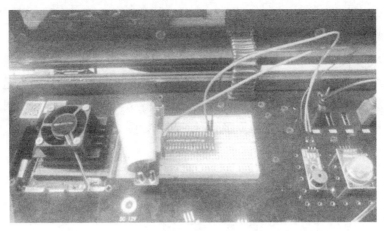

图 2-2-8　有源蜂鸣器发出固定频率声音

⊛【学习自测】

试描述有源蜂鸣器和无源蜂鸣器的工作原理。

任务 2.2.3
继电器及应用

继电器及应用

⊛【任务引入】

继电器在智慧工地中被广泛应用，其重点应用包括自动化控制、机器设备运行状态监控、安全保护、运行现场监控和智能运行。其中，继电器可用于智慧工地的设备自动控制，通过检测设备的输入信号实现自动启停，从而提高工厂设备的运行效率；可用于机器设备的预防性维修和维护，当探测到设备的状态异常时，继电器可以断开控制、警报或其他输出信号，以保障设备安全；可用于安全现场的智能监控和自动联动报警，以加强安全保护；可用于用电现场的实时监控，以降低用电危害和功耗；还可用于控制车牌识别后道闸的升起，具有广泛的监测控制应用。

⊛【知识准备】

1. 继电器的定义

继电器（relay）是一种电气控制器件，它具有将小电流、小电压的信号转换成大电流、大电压的开关功能。它利用电磁力及电磁感应原理来实现继电控制的作用。

继电器的线圈部分通常由绕制在绝缘骨架上的铜线或铝线组成。当线圈通上电流时，将产生磁场，使得继电器的铁心上的磁场发生变化，从而引起触点的动作。

触点是继电器中重要的部分，它可以接通或断开电路，控制负载的开关。在继电器中，触点可以分为常开触点和常闭触点两种类型。继电器线圈未通电时处于断开状态的静触点称为常开触点；处于接通状态的静触点称为常闭触点。

当通电后，电磁线圈的磁感应使继电器的常开触点吸合到触点上，而解除电流时，由于电磁线圈的磁通量消失，磁铁自身重力或其他外力使触点弹开。而当通电后，电磁线圈的磁感应使继电器的常闭触点拉开触点，而解除电流时，由于电磁线圈的磁通量消失，磁铁自身重力或其他外力使触点吸合在一起，如图2-2-9所示。

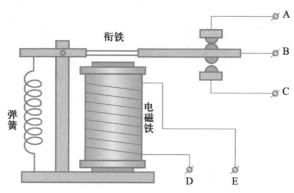

图2-2-9 继电器工作原理

2. 继电器的常用类型

根据构造、性能和用途不同，继电器的分类如下。

（1）按照继电器的动作方式分类

按照继电器的动作方式，可以将其分为常开型、常闭型、双刀双掷型等。

① 常开型继电器（Normally Open Relay，NO）：在正常情况下继电器的接点处于断开状态，只有当激励电流通过继电器线圈时，继电器的接点才会闭合，电路才接通。常开型继电器可以被用来控制交流和直流电路，是一种常见的继电器类型。

② 常闭型继电器（Normally Closed Relay，NC）：在正常情况下，继电器的接点处于闭合状态，只有当激励电流通过继电器线圈时，继电器的接点才会断开，电路才断路。常闭型继电器通常用于需要在断电情况下维持某些设备状态的应用场合。

③ 双刀双掷型继电器（Double-Pole Double-Throw Relay，DPDT）：可以同时控制两个电路，它有两个刀片，每个刀片都有一个连接点和两个不同的位置。当继电器线圈被激活时，两个刀片的连接点都将连接到不同的位置。双刀双掷型继电器广泛应用于机械设备、家用电器、工业控制等领域。

（2）按照继电器的工作原理分类

按照继电器的工作原理，可以将其分为电磁继电器、固态继电器、热继电器等。

① 电磁继电器（Electromagnetic Relay）：它是一种最为常见的继电器类型，其工作原理是通过线圈产生的磁场吸引或排斥活动铁心，从而使接点闭合或断开，实现电路的开关控制。电磁继电器的结构简单，通常用于控制高功率负载和需要高速开关的应用。

② 固态继电器（Solid-State Relay, SSR）：它是一种半导体器件，通过控制输入信号来开关输出信号。它没有机械接点，因此比电磁继电器具有更高的可靠性和长寿命。固态继电器可以快速开关，适合控制高频负载，同时具有较低的开关噪声和抗振性。

③ 热继电器（Thermal Relay）：它是一种通过测量电路中的电流和温度来判断负载是否过载的保护装置。当负载过载时，继电器的热元件会发热，触发热继电器的保护功能，切断电路，避免负载受到过大的损害。热继电器通常用于电动机、变压器等重型负载的保护，具有自动重合功能。

（3）按照继电器的用途分类

按照继电器的用途，可以将其分为保护型继电器、时间继电器、中间继电器等。

① 保护型继电器（Protective Relay）：它是一种用于保护电力系统的装置，它能够对电力系统中的电压、电流、频率等参数进行监测，当电力系统发生故障时，及时对故障进行检测、定位和隔离，保障电力系统的安全、稳定运行。保护型继电器广泛应用于输电线路、变电站、发电厂等电力系统中。

② 时间继电器（Time Relay）：它是一种通过设置时间延迟来实现控制电路开关的装置，适用于需要延迟开关的应用场合，如照明控制、电动机控制、自动化生产线等。

③ 中间继电器（Intermediate Relay）：它是一种通过扩展继电器控制点数的装置。它可以将多个继电器串联起来，从而实现多点控制和信号转换。中间继电器通常被用于需要控制多个负载的应用场合，如多路照明控制、自动化生产线等。

3. 继电器的应用

继电器模块通常应用于自动化的控制电路中，起着自动调节、安全保护转换电路等作用，如图 2-2-10 所示。继电器通常由控制电路和被控制电路两部分组成。控制电路通常是低功率电路，用来控制被控制电路中的高功率负载。控制电路中的电流或电压变化可以引起被控制电路中的触点切换，从而实现对电路的控制。

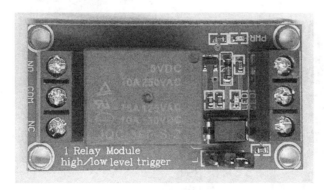

图 2-2-10　继电器模块

在智慧工地中，继电器可以广泛应用于自动化控制、设备状态监控、安全保护、现场监控和智能运行等方面。例如，在设备自动控制方面，继电器可以检测设备的输入信号，如启动信号、停止信号、故障信号等，并根据输入信号的变化控制设备的启停、警报或其他输出信号，从而提高设备的运行效率和安全性。在机器设备的预防性维修和维护方面，继电器可以检测设备状态的异常情况，并通过断开控制、警报或其他输出信号的方式保障设备的安全。

继电器还可以用于安全现场的智能监控和自动联动报警。例如，在建筑工地中，在用电现场的实时监控方面，检测到电流和电压的变化，并通过继电器控制电路来调节电压和电流，以降低用电危害和功耗。在控制车牌识别后道闸的升起方面，检测到车辆通过的信号，通过继电器控制道闸的升起和下降。

继电器在智慧工地中的应用非常广泛，其原理是通过电磁作用将开关控制元件切换到不同位置，从而实现电路的控制。

在本书配套的实验设备中，将 SIG 引脚连接到 Jetson Nano 板上，然后发送一个低电平给 SIG，PNP 晶体管通电并且继电器的线圈通电。因此，继电器的常开触点闭合，而继电器的常闭触点将脱离公共端口；向 SIG 发送高电平的信息，晶体管将断电，继电器恢复到初始状态。

对继电器进行实验所需的相关内容，包括实验硬件平台、实训台软件以及 AD/DA 转换器 PCF8591 等在任务 2.1.1 烟雾传感器及应用中已经详细介绍。此处不再赘述。

⚛ 【任务实施】

实验步骤如下。

第一步，按照接线电路图（图 2-2-11），完成继电器模块的接线连接。接线面包板和双色 LED 模块分别如图 2-1-11、图 2-2-1 所示。

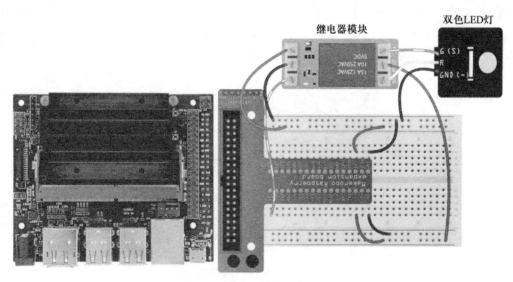

图 2-2-11　接线电路图

接线的基本要求如下。

① 通过 T 型转接板，将模块 DC+/COM、DC– 引脚分别与开发板 5 V、GND 接口相

连接，IN 引脚与 Jetson Nano 板的任一 I/O 接口相连接。接好 VCC 和 GND 后，模块电源指示灯会亮。要注意电源极性不能接反。

② 继电器模块与 T 型转接板和 Jetson Nano 板相连接的引脚见表 2-2-3。继电器模块与 T 型转接板和双色 LED 模块相连接的引脚见表 2-2-4。

表 2-2-3　继电器模块与 T 型转接板和 Jetson Nano 板相连接的引脚

Jetson Nano 板	T 型转接板	继电器模块
GPIO0	GPIO17	IN
5V	5V	DC+
GND	GND	DC−
5V	5V	COM

表 2-2-4　继电器模块与 T 型转接板和双色 LED 模块相连接的引脚

红绿双色 LED 模块	T 型转接板	继电器模块
R（中间）	*	NC
GND	GND	*
G（S）	*	N0

第二步，检查接线是否完好无误。

第三步，打开实验脚本，运行脚本，并按照脚本提示给予一定外部输入动作。

第四步，观察传感器响应和输出结果，并做好相关记录。

❀【学习自测】

试描述继电器通电后的具体动作，以及在智慧工地中的应用。

任务 2.2.4
步进电动机控制及应用

步进电动机
控制及应用

❀【任务引入】

步进电动机广泛应用于智慧工地，主要用于控制工地进出场闸机门的开关、塔机的升降等。其应用包括传输物资、机械臂控制、切削加工和机械手夹持。步进电动机可搭配传感器及控制系统实现物料自动传输，驱动机械臂进行物料起重等操作，驱动车床、数控机床的主轴进行切削加工，驱动夹具进行手臂夹持，实现自动组装等工序。

⚛【知识准备】

1. 步进电动机的定义

步进电动机是一种常用的传动机构，是一种将电脉冲转化为角位移的执行机构。当步进驱动器接收到一个脉冲信号，它就驱动步进电动机按设定的方向转动一个固定的角度（即步进角），可以在电子设备和机械设备中用于旋转或线性运动的控制。它通常由一组定子和一组转子组成，定子具有多个细分的磁极，当电流和磁通流到细分磁极时，定子会产生磁极的吸力和斥力，带动转子发生转动。

2. 步进电动机的常用类型

步进电动机是用于位置控制的出色电动机，它是一种特殊类型的无刷电动机，它将完整的旋转分为多个相等的步长；通常在台式打印机、三维打印机、CNC 数控铣床以及其他需要确定精确定位控制的设备中都有使用。其一般分为两种类型，即单极性和双极性步进电动机。在本书配套实验设备中，使用的是单极性步进电动机。

单极性步进电动机由步进电动机与达林顿阵列组成，可驱动步进电动机分步旋转，用于设备的精确定位控制。单极性步进电动机是一种特殊的步进电动机，它只有一个电磁铁用于转动步进电动机的转子。当步进电动机的控制器提供单极性直流电（即只有正极或只有负极的直流电），电磁铁就会产生磁场，使转子转动一个步进角度，而当控制器停止供电时，由于惯性作用，转子也停止旋转，从而达到所需的位置。

双极性步进电动机通过控制器提供双极直流电（即两极都有正极或负极的直流电），来产生交替更新的磁场，以旋转转子，从而使其旋转一定的步进角度。

这种步进电动机使用带齿的轮和 4 个电磁体来使轮一次一步旋转，做到精确定位。

3. 步进电动机的应用

步进电动机在驱动电路的驱动下，给它一个指定的旋转方向（逆时针或顺指针），步进电动机会带着小风扇一起发生旋转，如图 2-2-12 所示。这种步进电动机使用带齿的轮（具有 32 个齿）和 4 个电磁体来使轮一次一步旋转，发送的每个 HIGH 脉冲都会使线圈通电，吸引齿轮的最近齿，并一步步驱动电动机。

图 2-2-12　步进电动机及其驱动模块 ULN2003

28BYJ-48 是一种五线四相步进电动机，常用于空调、自动售货机和许多气体应用中。它的优点是可以准确定位，一次一步，同时运动相对精确，并且非常可靠，因为电动机不使用接触电刷。即使在静止状态下也能提供良好的转矩，只要向电动机供电就可以保持转矩。唯一的缺点是，即使它们不动，也会耗电且消耗功率。

步进电动机的驱动电路是由电路控制的，它能够控制脉冲数和方向，以控制电动机的旋转角度和步数。

步进电动机的原理是将电能转换为机械运动，通过电磁场的变化控制电动机转动的步数和方向。步进电动机是一种开环控制的电动机，也就是说，它没有反馈系统，不知道电动机的实际位置，而是根据控制信号的脉冲数来控制电动机的步数和方向。

步进电动机具有精度高、稳定性好、控制简单等优点，因此被广泛应用于各种工业和自动化领域。它在智慧工地中的应用也正是利用了这些优点，通过搭配传感器及控制系统实现物料自动传输，驱动机械臂进行物料起重等操作，驱动车床、数控机床的主轴进行切削加工，驱动夹具进行手臂夹持，实现自动组装等工序。

在本书配套的实验设备中，ULN2003 型的步进电动机驱动器将外部控制信号经过驱动器的脉冲振荡和放大处理后，输出到 28BYJ-48 步进电动机的 4 个电极，从而控制步进电动机的转动速度和方向。

对步进电动机进行实验所需的相关内容，包括实验硬件平台、实训台软件以及 AD/DA 转换器 PCF8591 等在任务 2.1.1 烟雾传感器及应用中已经详细介绍。此处不再赘述。

⚛ 【任务实施】

实验步骤如下。

第一步，按照接线电路图（图 2-2-13），完成步进电动机驱动模块的接线连接。接线面包板如图 2-1-11 所示。

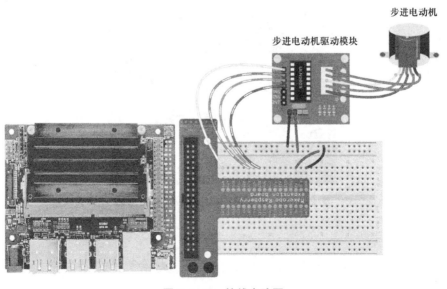

图 2-2-13　接线电路图

接线的基本要求如下。

① 通过 T 型转接板，将模块 +、− 引脚分别与开发板 5V、GND 接口相连接，IN1、IN2、IN3、IN4 引脚与 Jetson Nano 板的 I/O 接口相连接。接好模块 VCC 和 GND 后，模块电源指示灯会亮。要注意电源极性不能接反。

② 将 ULN2003 型模块通过 T 型转接板分别与 28BYJ−48 步进电动机和 Jetson Nano 板相连接，电压等级为 5 V。由于树莓派主板不能直接驱动步进电动机，因此驱动电路是必须的，所以本书配套实验设备使用步进电动机驱动板来驱动步进电动机。

③ ULN2003 型电动机驱动模块、28BYJ−48 步进电动机与 T 型转接板和 Jetson Nano 板相连接的引脚见表 2−2−5。

表 2−2−5　ULN2003 型电动机驱动模块、28BYJ−48 步进电动机与
T 型转接板和 Jetson Nano 板相连接的引脚

Jetson Nano 板	T 型转接板	ULN2003 型电动机驱动模块 28BYJ−48 步进电动机
GPIO18	GPIO18	IN1
GPIO23	GPIO23	IN2
GPIO24	GPIO24	IN3
GPIO25	GPIO25	IN4
GND	GND	−
5V	5V	+

第二步，检查接线是否完好无误。

第三步，打开实验脚本，运行脚本，并按照脚本提示给予一定外部输入动作。

第四步，观察步进电动机的响应和输出结果，并做好相关记录，如图 2−2−14 所示。

图 2−2−14　步进电动机的响应及输出结果

⚛ 【学习自测】

试描述步进电动机的工作原理，其是如何通过发送脉冲信号来使得齿轮一次一步旋转，进一步驱动电动机的。

习题与思考

一、填空题

1. _____蜂鸣器传感器模块内置振荡器，驱动频率固定，只能发出单一的声音提示性报警声音，常通过两个引脚接一个_____蜂鸣。

2. 无源蜂鸣器传感器模块采用_____驱动方式，驱动频率可变，可发出各种有频率的声音信号。

3. 继电器模块是一种电控制器件，是用_____去控制_____运作的"自动开关"，起安全保护、转换电路的作用。

4. 单极性步进电动机由步进电动机与_____组成，可驱动步进电动机分步旋转，用于设备的精确定位控制。

二、简答题

1. 蜂鸣器的工作原理是什么？
2. 继电器的工作原理是什么？
3. 步进电动机的工作原理是什么？

三、讨论题

1. 蜂鸣器的分类有哪些？
2. 常用步进电动机的分类有哪些？

项目 2.3
基于深度学习的视觉传感技术及应用

[学习目标]

知识目标

1. 学习深度学习技术的基本原理；
2. 学习常用视频识别算法和 OCR 识别算法；
3. 学习物料识别技术和人脸识别技术的基本原理；
4. 学习车牌识别技术的常用算法。

技能目标

1. 能够运用深度学习技术进行视频识别；
2. 能够使用 OCR 识别技术进行物料表单的文字识别；
3. 能够使用物料识别技术对物品进行识别；
4. 能够使用人脸识别技术进行劳务人员的识别；
5. 能够使用车牌识别技术进行进出车辆车牌的识别。

素养目标

1. 能够适应行业变化和变革，具备信息化的学习意识；
2. 了解视觉类传感器实际应用场景，坚定理想信念；
3. 具备健康的心理和良好的身体素质；
4. 具备良好的思想品德和吃苦耐劳的职业素养；
5. 具备行业规范操作的意识。

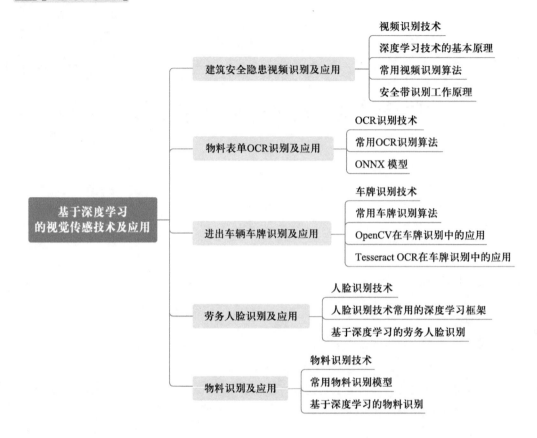

建筑安全隐
患视频识别
及应用

任务 2.3.1
建筑安全隐患视频识别及应用

【任务引入】

通过基于深度学习技术的建筑安全隐患视频识别，可以智能监测建筑施工过程中的安全隐患，如高空作业、机械作业等环节，及时发现作业人员是否佩戴安全装备，避免事故的发生。配合消防设备及联动系统，可以采取有效的措施防止事故发生，从而提高建筑工业生产活动的安全质量水平。

【知识准备】

1. 视频识别技术

视频识别技术是一种基于计算机视觉和机器学习的技术，用于自动识别和分类视频内容。它可以通过分析视频中的像素、运动和其他特征来提取有用信息，比如人物、物体、动作等，并将其归类或标记。

视频识别技术的应用非常广泛，包括视频监控、智能交通、虚拟现实、游戏等。其中，视频监控是最常见的应用领域之一。视频监控系统可以通过分析视频中的图像和动态信息，自动检测和报告任何异常或可疑行为，从而帮助提高安全性。

视频识别技术使用的算法和技术包括深度学习、卷积神经网络、循环神经网络、特征提取和匹配、目标检测和跟踪等。通过不断的研究和发展，视频识别技术的准确性和效率不断提高，它将会成为未来更多应用领域的核心技术之一。

2. 深度学习技术的基本原理

深度学习是一种机器学习方法，通过多层神经网络模型来学习数据的特征和模式，从而实现分类、识别、回归等任务。深度学习算法具有更高的表达能力和更强的泛化能力，已经广泛应用于图像识别、语音识别、自然语言处理、机器翻译、视频分析等领域。

（1）神经网络

深度学习算法中最基本的组成部分是神经网络，它是一种由多个神经元（节点）组成的图结构。神经元接收多个输入信号，并通过加权和、激活函数等计算得到输出值。多个神经元可以组成一个层，多个层可以组成一个神经网络。常见的神经网络结构包括前馈神经网络、循环神经网络、卷积神经网络等。

（2）反向传播算法

反向传播（backpropagation）算法是一种基于梯度下降的优化算法，是目前深度学习中最常用的训练方法之一。它通过计算每个神经元对误差的贡献，将误差从输出层逐层向前传播，最终得到每个参数的梯度信息，并利用梯度信息对参数进行更新，以达到优化模型的目的。

以一个简单的神经网络为例，反向传播算法可以描述如下：首先，通过前向传播算法计算网络的输出值，得到模型的预测值；然后，计算预测值与真实值之间的误差，得到误差信号；根据误差信号，计算每个参数对误差的贡献，得到参数的梯度信息；根据梯度信息，利用梯度下降算法对参数进行更新，以优化模型的性能；重复以上步骤，直到模型的性能达到预期。

在深度学习中，需要训练神经网络模型，从而实现特定的任务。反向传播算法是一种常用的神经网络训练方法，它通过不断调整神经元之间的权重和偏置，使得神经网络模型的输出尽可能接近期望输出。具体来说，反向传播算法首先利用一组输入样本计算网络的输出，然后计算输出与期望输出之间的误差，最后按照误差大小更新每个神经元之间的权重和偏置。反向传播算法可以通过链式求导的方式计算每个神经元的梯度，从而实现自动求导和自动调整权重的功能。

（3）卷积神经网络

卷积神经网络是一种特殊的神经网络结构，它通过卷积操作来提取图像等数据的特征。卷积操作是一种有效的局部特征提取方法，可以通过卷积核对输入数据进行滑动计算，从而得到一组卷积特征图。卷积神经网络通常由多个卷积层、池化层、全连接层等组成，其中卷积层用于提取图像的特征；池化层用于降低特征图的维度；全连接层用于实现分类、识别等任务。

（4）深度学习的训练与优化

深度学习模型需要通过大量数据进行训练，以求得最优的参数设置，使得模型在未见过的数据上具有良好的泛化能力。训练深度学习模型的主要方法是反向传播算法。反向传播算法通过链式法则，将误差在网络中反向传播，并按照一定规则更新网络中的参数，以逐渐优化模型的性能。

（5）优化算法

反向传播算法只是深度学习模型训练过程中的一部分，还需要使用优化算法对模型的参数进行优化。优化算法的主要目标是最小化模型的损失函数，以得到最优的模型参数设置。常见的优化算法包括梯度下降算法、随机梯度下降算法、Adam、Adagrad、RMSprop 等。

3. 常用视频识别算法

常用的视频识别算法有卷积神经网络（Convolutional Neural Network，CNN）、循环神经网络（Recurrent Neural Network，RNN）、目标检测（Object Detection）等。其中深度学习技术已经成为视频识别领域的核心技术之一，下面介绍常用的基于深度学习技术的视频识别算法。

二维卷积神经网络（2D Convolutional Neural Network，2D-CNN）：通过对视频帧进行卷积和池化操作，提取出特征并实现视频分类、目标检测和跟踪等任务。

三维卷积神经网络（3D Convolutional Neural Network，3D-CNN）：将时间维度纳入卷积运算，可以对视频数据中的时序信息进行建模，常用于视频中的动作识别和行为分析。

循环神经网络：通过建立时间上的循环结构，可以捕捉视频中的时序信息，常用于视频中的动作识别和行为分析。

注意力机制（Attention Mechanism）：通过给予特定的时间步更高的权重，可以聚焦于视频中关键的片段或帧，提高视频识别的精度和效率。

这些算法通常会结合使用，以实现更为复杂的视频识别任务。同时，也有许多其他的基于深度学习技术的视频识别算法和技术，如变换器网络（Transformer Network）、视觉注意力机制（Visual Attention Mechanism）等。

YOLOv5 和 ResNet 网络是当前深度学习技术中的两个重要组成部分，它们在视频识别中发挥着重要的作用。YOLOv5 和 ResNet 网络与视频识别算法的关系：YOLOv5 和 ResNet 网络都采用了卷积神经网络的基本结构和思想，如卷积层、池化层、全连接层等，以及卷积神经网络的训练方法，如反向传播算法和梯度下降算法等。但是，YOLOv5 和 ResNet 网络在模型的结构和训练方法上有所不同。

YOLOv5 是一种基于深度学习技术的物体检测算法，其全称为 You Only Look Once version 5。YOLOv5 是一种基于单阶段检测器的目标检测算法，采用骨干网络和多尺度特征融合等技术实现目标检测。YOLOv5 算法将输入的图像分成多个小网格，每个小网格预测图像中存在的物体种类和位置。与此同时，YOLOv5 还可以进行对象跟踪，即在视频序列中跟踪特定对象，这对于视频识别来说是非常有用的。因此，YOLOv5 是视频识别领域中的一种重要算法，它为视频识别的高效和准确提供了技术支持。YOLOv5-m 是 YOLOv5 的一个改进版本，它采用了更加高效的模型设计和网络架构，使得在相同精度的情况下，其运行速度更快。

ResNet 网络是一种深度卷积神经网络结构。ResNet 网络的目的是解决深度神经网络在训练过程中出现的梯度消失问题，从而使神经网络可以更深层次地学习。在视频识别中，ResNet 网络的作用是提取视频帧中的特征信息。在 ResNet 网络中，通过使用残差块，可以将网络的深度增加到数十层甚至数百层，从而提取出更加丰富的特征信息。这些特征信息可以用于物体检测、目标跟踪等任务中，从而提高视频识别的准确性和效率。ResNet18 是 ResNet 系列中比较浅的一种网络结构，18 是指 CNN 的网络层数，具体是指卷积层和全连接层，ResNet18 具有较快的训练速度和较少的参数数量，被广泛应用于图像分类、目标检测等领域。

在视频识别中，YOLOv5 和 ResNet 网络可以结合起来使用，从而提高视频识别的准确性和效率。在这种结合中，ResNet 网络用于提取视频帧的特征信息，而 YOLOv5 算法用于检测视频帧中的物体。通过这种方式，使得视频识别算法在目标检测任务中性能更优秀。

4. 安全带识别工作原理

在智慧工地上识别施工人员安全带的应用中，YOLOv5-m 和 ResNet18 网络可以结合使用，提高模型的准确率和鲁棒性。具体实现方法为，首先使用 YOLOv5-m 对视频流进行目标检测，检测出图像中所有的施工人员，然后将施工人员的区域切割下来，再使用 ResNet18 网络对切割后的区域进行分类，判断施工人员是否佩戴安全带。这种方法不仅能够实时地对工地上的施工人员进行监测，还能够准确地识别出佩戴安全带的施工人员，有效地降低工地上的安全隐患。

基于 YOLOv5-m 和 ResNet18 网络进行安全带识别是一个典型的基于深度学习的目标检测任务，通常包括 4 个步骤：数据预处理、模型训练、模型评估及模型应用。

数据预处理是任何深度学习任务的重要步骤之一，它涉及将原始数据集转换为网络可接受的格式，并将其划分为训练集、验证集和测试集等子集。对于安全带识别任务，可以使用开源数据集，如 COCO 数据集等，也可以自己收集并标注数据。在收集到数据之后，需要进行数据清洗和标注，标注过程中需要为每张图片中的安全带框出矩形框，并为矩形框打上"安全带"的标签，这样才能为模型提供训练样本。接下来，需要将标注好的数据集转换为网络能够接受的格式，如 YOLOv5-m 的输入格式，即 JPEG 图片和相应的 XML 标注文件。

经过数据预处理，就可以开始训练模型了。在安全带识别任务中，可以选择使用YOLOv5-m 或者 ResNet18 网络，也可以将两者结合使用。模型训练需要指定一些超参数，如学习率、训练周期以及选择损失函数等模型参数。模型训练通常需要大量的计算资源，如 GPU 和 TPU 等，并需要耗费大量的时间。训练完成后，就可以得到一个可以用于识别安全带的模型。

模型训练完成后，需要对其进行评估，以了解其性能。在评估过程中，通常会将测试集输入到模型中，然后计算模型的预测准确率、召回率等指标。这些指标可以告诉我们模型的性能如何，从而可以根据需要进行调整和改进。如果模型表现不佳，则需要重新调整参数并重新训练模型，直到得到满意的结果为止。

在完成模型评估后，就可以将模型应用到实际的安全带识别场景中。在应用过程中，可以将模型集成到智能监控摄像头、机器人或者其他设备中，以实时识别施工工人是否佩戴安全带。

对安全带识别进行实验所需的相关内容，包括实验硬件平台、实训台软件等在任务2.1.1 烟雾传感器及应用中已经详细介绍。此处不再赘述。

⚛ 【任务实施】

实验步骤如下。

第一步，打开实训台相应实验代码脚本。

第二步，找到需要运行的代码部分，按照操作开始运行，实验代码如图 2-3-1 所示。

第三步，观察算法实验结果输出，如图 2-3-2 所示。

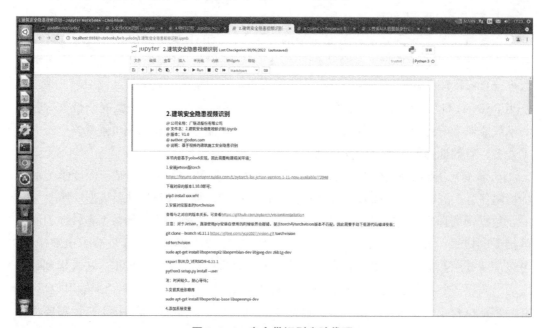

图 2-3-1　安全带识别实验代码

图 2-3-2　安全带识别实验结果输出

第四步，回顾整个实验过程和原理，并做好记录。

⚛【学习自测】

试描述基于 YOLO 模型是如何实现对工人的目标检测，以及如何使用 ResNet 网络进行特征表征进而进行分类等应用。

任务 2.3.2
物料表单 OCR 识别及应用

物料表单
OCR 识别及
应用

⚛【任务引入】

在智慧工地应用中，通过装设物料管理系统，结合深度学习技术实现对材料的自动识别、计量和管理。系统能及时发现不合格的材料并记录数量和位置，提高物料利用率，降低资源浪费和人力成本，同时提高管理效率。基于深度学习技术的智慧工地物料管理，有助于保障施工场地的安全，促进工程进度的顺利进行。

⚛【知识准备】

1. OCR 技术

OCR（Optical Character Recognition，光学字符识别）技术是一种将图像中的文本转换为计算机可编辑的文本的过程。OCR 技术广泛应用于各种场景，包括扫描文档、车牌识别、身份证识别等。在物料表单的识别中，OCR 技术可以帮助工作人员将物料表单上的文字信息自动识别出来，提高工作效率和准确性。

利用 OCR 技术识别物料表单，主要有以下几个步骤。

① 表单文本检测：物料表单提取可以将原始图像文档进行切割，提取物料表单的区域；文字定位可以使用图像处理技术对表单进行文字定位，标识出表单上每个文字的位置。

② 文本方向识别：使用 OCR 技术对文本方向进行识别。

③ 文本识别：使用 OCR 技术对文本进行识别，识别出文本中的每个字符。

其中，表单文本检测和文本识别是主要核心步骤。

2. 常用 OCR 识别算法

（1）文本检测阶段常用算法

文本检测的目的是将图像中的文本区域准确地定位和标注出来。通常，文本检测算法可以分为基于传统计算机视觉方法和基于深度学习方法两大类。

① 基于传统计算机视觉方法的文本检测算法中，基于轮廓的文本检测算法、基于滑动窗口的文本检测算法和基于 HOG+SVM 的文本检测算法是常用的算法。

基于轮廓的文本检测算法：该算法主要通过检测文本的边缘轮廓来识别文本区域，一般使用图像处理中的 Canny 边缘检测算法或 Sobel 算法进行边缘提取，然后使用形态学处理技术对边缘进行二值化、腐蚀和膨胀等处理，最终得到文本区域的边缘轮廓。该算法比较简单，但是对于噪声较多的图像效果并不理想。

基于滑动窗口的文本检测算法：该算法主要通过滑动窗口的方式扫描图像，找到包含文本的窗口，并通过窗口的大小和位置来识别文本区域。该算法的优点是实现简单，但是在实际应用中需要设置窗口的大小和位置，且对于不同的图像需要进行调整，因此对于图像的适应性不够强。

基于 HOG+SVM 的文本检测算法：该算法主要使用了 HOG（Histograms of Oriented Gradients）特征提取算法和 SVM（Support Vector Machine）分类器，通过学习训练样本的特征和标签，训练出一个文本分类器。在实际应用中，该算法的文本检测效果较好，但是需要较大的训练样本集和较长的训练时间。

② 基于深度学习方法的文本检测算法主要利用深度卷积神经网络对图像进行特征提取，然后通过后续的分类和回归网络，从而得到文本的位置和边界框。这些算法通常涉及大量的训练数据和高度优化的 CNN 结构，因此在检测精度和鲁棒性方面表现出色。

基于深度学习的文本检测算法主要包括 Faster R-CNN、SSD、YOLO 和 DB 算法等。

Faster R-CNN（Faster Region-based Convolutional Neural Network）算法：它是一种基于区域的深度学习检测算法，其主要思想是先使用 CNN 从图像中提取特征，然后使用候选区域生成网络（Region Proposal Network，RPN）生成可能包含文本的候选区域，最后使用分类器和回归器对候选区域进行分类和精细化定位。Faster R-CNN 具有较高的检测速度和准确性，适用于各种场景下的文本检测任务。

SSD（Single Shot MultiBox Detector）算法：它是一种单阶段的目标检测算法，与Faster R-CNN 不同的是，SSD 不需要额外的区域提议网络，而是直接在特征图上使用卷积层检测目标。SSD 在文本检测任务中具有很好的性能表现，但相对于 Faster R-CNN，SSD 的检测速度更快，但准确度稍逊。

YOLO（You Only Look Once）算法：它是一种单阶段的目标检测算法，具有很快的检测速度。YOLO 将整个图像分成多个网格，在每个网格上使用卷积层进行目标检测和定位，从而实现端到端的检测。与 SSD 类似，YOLO 相对于 Faster R-CNN 的准确度略有降低，但速度更快。

DB 算法（Differentiable Binarization）：它是一种基于深度学习的文本检测算法，其主要特点是可以检测图像中的多方向文本。DB 算法使用卷积神经网络提取特征，并通过回归器直接预测文本区域的几何形状，包括文本区域的中心点坐标、宽度、高度和倾斜角度。

（2）文本识别阶段常用算法

随着深度学习的发展，基于深度学习的 OCR 文本识别算法在近年来取得了广泛的应用和研究。这类算法一般基于卷积神经网络（Convolutional Neural Network，CNN）或循环神经网络（Recurrent Neural Network，RNN）等深度学习模型进行训练和预测。

基于 CNN 的 OCR 文本识别算法一般分为两个阶段：字符检测和字符识别。在字符检测阶段，一般通过滑动窗口的方式扫描文本图像，找出可能包含字符的窗口区域，并进行二值化、缩放等预处理操作。然后，通过 CNN 模型进行分类，识别出每个字符的类别，并对其进行精确定位。在字符识别阶段，一般将识别出的字符送入 CNN 模型进行识别，得到文本的识别结果。

基于 RNN 的 OCR 文本识别算法则更加注重序列化的特点，将整个文本图像看作是一个序列，使用 RNN 模型对序列进行学习和预测。一般采用的是循环神经网络和长短时记忆网络（Long Short-Term Memory，LSTM）等模型。在识别过程中，通过逐个字符进行识别和连接，最终得到整个文本的识别结果。

此外，还有一些结合了 CNN 和 RNN 的混合模型，如 CRNN（Convolutional Recurrent Neural Network）等，用于在图像上进行端到端的文本识别，具有高精度和鲁棒性的特点。

对于 OCR 文本识别算法，常用的评价指标主要包括以下 4 个。

准确率（Accuracy）：是指算法的正确识别率，即正确识别的字符数与总字符数之比。

召回率（Recall）：是指算法正确识别的字符数与实际文本字符数之比。

精确率（Precision）：是指算法正确识别的字符数与算法总识别的字符数之比。

F1 值（F1 Score）：综合考虑召回率和精确率，是一个综合性的评价指标。

除了以上指标，OCR 文本识别算法还需要考虑到语种、字体、字号、倾斜角度等因素的影响，以提高其在实际应用中的鲁棒性和适应性。

3. ONNX 模型

ONNX（Open Neural Network Exchange，开放神经网络交换）是由微软、Facebook和 AWS 等公司发起的一个开放的深度学习模型交换格式。它可以让用户在不同的深度学习框架之间无缝地转换模型，从而提高模型的可移植性和互操作性。

ONNX 模型的基本组成部分包括模型结构和模型参数两个部分。模型结构是指深度学习模型的网络结构，包括层的类型、数量、连接方式等信息；模型参数是指训练好的权重和偏置等参数。

ONNX 模型可以支持多种深度学习框架，包括 PyTorch、TensorFlow、Keras、CNTK等。通过将模型转换为 ONNX 格式，用户可以在不同的框架中使用相同的模型，并且可以在不同的硬件平台上运行，如 CPU、GPU、FPGA 等。

在 OCR 识别物料表单的应用中，ONNX 模型可以用于训练和推理阶段。

在训练阶段，ONNX 模型可以帮助用户将不同深度学习框架训练出的模型进行转换，从而提高模型的可移植性和互操作性。用户可以在 PyTorch、TensorFlow 等框架中训练模型，然后将模型转换为 ONNX 格式，从而在不同的框架和硬件平台上运行。

在推理阶段，ONNX 模型可以帮助用户快速部署和优化模型，从而提高模型的推理速度和准确率。用户可以使用 ONNX 运行时部署模型，从而在不同的硬件平台上高效地运行模型。此外，ONNX 模型还支持硬件加速器，如 GPU、FPGA 等，从而进一步提高模型的推理速度。

OpenCV（Open Source Computer Vision Library，开源的计算机视觉库）是一个包含了许多用于图像处理和计算机视觉任务的算法和工具。在 OCR 识别中，OpenCV 可以用于图像的预处理、增强和后处理，如图像二值化、旋转校正、去除噪声和模糊等。

此外，OpenCV 还可以与 ONNX 模型和 DB 算法结合使用，实现 OCR 识别的全流程，包括图像预处理、文本检测、文本识别和结果后处理等。使用 ONNX 模型可以提高模型的可移植性和效率，DB 算法可以用于文本区域检测和识别，OpenCV 则可以用于图像预处理和后处理，三者结合使用可以实现 OCR 识别的高效、准确和稳定。

对物料表单 OCR 识别进行实验所需的相关内容，包括实验硬件平台、实训台软件等在任务 2.1.1 烟雾传感器及应用中已经详细介绍。此处不再赘述。

本任务文本检测所用到的算法为 DB 算法，识别出物料表单中的文字；利用了ONNX 来完成原始模型的转换和推理，以及计算机视觉比较常用且比较强大的 CV 库OpenCV，来实现对表单中文本的检测、文本方向的分类、文本的识别。

⚛ 【任务实施】

实验步骤如下。

第一步，打开实训台相应实验代码脚本。

第二步，找到需要运行的代码部分，按照操作开始运行，实验代码如图 2-3-3 所示。

第三步，观察算法实验结果输出，如图 2-3-4 所示。

图 2-3-3　物料表单 OCR 识别实验代码

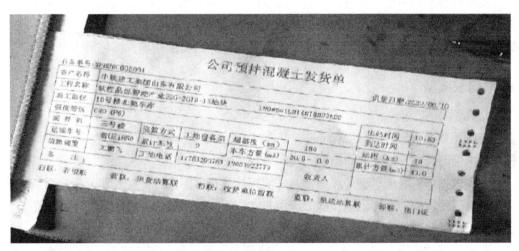

图 2-3-4　物料表单 OCR 识别实验结果输出

第四步，回顾整个实验过程和原理，并做好记录。

⚛【学习自测】

试描述利用深度学习进行施工物料进出场统计，以及相关单据的智能识别，从而进一步实现深度学习技术中的 OCR 从学术理论到工业实践的落地应用。

进出车辆车牌识别及应用

任务 2.3.3
进出车辆车牌识别及应用

⚛【任务引入】

在智慧工地应用中，通过安装车牌识别系统，结合深度学习技术实现对进出工地的车辆的实时监测和管理，有效避免非法车辆进入工地，保障工地安全。车牌识别系统可以快速准确地识别出车牌号码，并自动记录车辆进出的时间和轨迹信息，方便工地管理人员实时查看车辆情况。同时，车牌识别系统可与门禁系统和安保系统联动，实现安保人员对进出车辆的实时监控和预警，降低工地管理成本，提高效率。基于深度学习技术的智慧工地进出车辆车牌识别，有助于提高工地管理的精细化和智能化水平。

⚛【知识准备】

1. 车牌识别技术

车牌识别技术（Automatic Number Plate Recognition，ANPR）是一种基于图像处理和模式识别的技术，用于自动识别和判断车辆号牌。

它通过摄像机获取车辆号牌图像，并使用计算机对图像进行处理和分析，以实现识别车牌号码的目的。车牌识别技术的应用非常广泛，包括城市交通管理、车辆道路安全监控和停车场管理等。

车牌识别的实现包括图像获取、车牌检测、车牌字符分割和光学字符识别（OCR）等步骤。其中，车牌检测主要通过边缘检测、色彩分割和形态学处理等图像处理算法来定位车牌的位置；车牌字符分割则是将车牌图像分割成单个字符；最后，OCR 技术对分割出来的单个字符进行快速、准确地识别。

目前，车牌识别技术已广泛应用于停车场管理、城市交通管理和公路安全监控等领域，可自动识别车牌号码、实现车辆进出场的自动记录和计费、对车辆违法行为进行自动监控和处罚、对交通违法行为进行自动监控和追踪等。

2. 常用车牌识别算法

常用的车牌识别算法包括了基于特征的方法、基于深度学习的方法、基于传统机器学习的方法等，这些方法都是用来进行车牌检测、字符分割和光学字符识别等任务的。

基于深度学习技术的车牌识别算法是近年来发展迅速的领域。深度学习技术在图像处理和模式识别等领域具有出色的表现，因此被广泛应用于车牌识别领域。

下面介绍常用的基于深度学习技术的车牌识别算法。

① Faster R–CNN 算法是一种基于深度学习的目标检测算法，能够实现车牌的定位和识别。该算法包括两个部分：区域提取网络（Region Proposal Network，RPN）和 Fast R–CNN 分类器。首先，RPN 用于生成候选车牌区域，然后 Fast R–CNN 分类器用于对候选车牌区域进行识别。Faster R–CNN 算法在车牌识别领域的表现非常出色，具有高准确率和快速的检测速度。

② YOLO（You Only Look Once）算法是一种端到端的目标检测算法，能够同时实现车牌的定位和识别。该算法将输入图像分成多个网格，然后对每个网格进行车牌检测和识别。YOLO 算法具有非常高的检测速度和准确率，适用于车牌实时检测和识别。

③ SSD（Single Shot MultiBox Detector）算法是一种基于深度学习的目标检测算法，能够实现车牌的快速定位和识别。该算法使用单个神经网络模型同时完成目标检测和分类任务。SSD 算法具有高准确率和快速的检测速度，适用于车牌实时检测和识别。

④ CRNN（Convolutional Recurrent Neural Network）算法是一种基于深度学习的车牌识别算法，能够对整个车牌进行识别。该算法使用卷积神经网络进行特征提取，然后使用循环神经网络进行序列识别。CRNN 算法具有非常高的识别准确率和鲁棒性，适用于复杂场景下的车牌识别。

⑤ ResNet（Residual Network）算法是一种基于深度学习的卷积神经网络，能够实现车牌的识别。该算法使用残差块（Residual Block）进行网络设计，能够有效地解决深层网络的梯度消失问题。

3. OpenCV 在车牌识别中的应用

OpenCV 在车牌识别中的应用非常广泛，可以用于车牌检测、字符分割、字符识别等多个方面。

一般来说，车牌识别的整个流程包括车牌检测、字符分割和字符识别 3 个步骤。其中，车牌检测是最关键的步骤之一，也是整个车牌识别流程的前提和基础。OpenCV 可以用于车牌检测中的图像处理和分析，如可以使用 OpenCV 的边缘检测和形态学操作等函数来进行车牌检测，具体包括以下 5 个步骤。

① 图像预处理：包括灰度转换、高斯平滑和中值滤波等步骤，目的是去除噪声和增强图像对比度。

② 边缘检测：使用 Sobel 算子、Canny 算子等边缘检测算法，检测图像中的车牌轮廓。

③ 轮廓提取：使用 OpenCV 的 findContours 函数提取车牌轮廓。

④ 轮廓过滤：过滤掉不符合车牌形状特征的轮廓。

⑤ 车牌定位：通过轮廓的位置和形状信息确定车牌的位置和大小。

在完成车牌检测后，就可以进行字符分割和字符识别等后续处理了。其中，字符分割可以使用 OpenCV 的形态学操作、轮廓分割等方法，而字符识别可以使用机器学习和深度学习等方法，如使用 OpenCV 的机器学习库 ML 进行分类器训练和预测等。

4. Tesseract OCR 在车牌识别中的应用

Tesseract OCR 是一个开源的光学字符识别（Optical Character Recognition，OCR）引擎，可以将图像中的文字转换为计算机可识别的文本。在车牌识别中，Tesseract OCR 可以用于车牌上的字符识别，即将车牌上的字符转换为计算机可处理的文本。

Tesseract OCR 在车牌识别中的应用通常包括以下 4 个步骤。

① 车牌检测：使用图像处理算法检测出车牌的位置和大小。

② 字符分割：将车牌上的字符分割成单个的字符。

③ 字符识别：对每个字符使用 Tesseract OCR 进行光学字符识别，将其转换为计算机可识别的文本。

④ 文本处理：对 Tesseract OCR 输出的文本进行后续处理，如去除空格、过滤非法字符等。

需要注意的是，在使用 Tesseract OCR 进行车牌字符识别时，由于车牌上的字符具有一定的规律性和结构性，因此可以根据这些特点对 Tesseract OCR 进行参数调优，以提高字符识别的准确率和效率。例如，可以设置要识别的字符集、字符的大小和字体等参数，以适应不同的车牌类型和字符样式。

Tesseract 是一款 OCR 引擎，而 pytesseract 是一个 Python 包，用于在 Python 中使用 Tesseract 进行 OCR 文本识别。简而言之，pytesseract 是 Tesseract 的一个 Python 封装，使得在 Python 中调用 Tesseract 更加方便和易用。

pytesseract 提供了一个简单的 API 接口，允许用户在 Python 中使用 Tesseract 进行 OCR 文本识别。它可以识别各种类型的图像和文本，并支持多种语言和字体。同时，pytesseract 还提供了一些额外的功能，如图像预处理、区域选择和识别参数的调整等。

值得注意的是，使用 pytesseract 时需要安装 Tesseract 引擎。安装方法因操作系统而异，但大多数情况下，可以通过在命令行中运行相应的命令来安装 Tesseract。在安装完成 Tesseract 之后，就可以在 Python 中导入 pytesseract 并使用它了。

对进出车辆车牌识别进行实验所需的相关内容，包括实验硬件平台、实训台软件等在任务 2.1.1 烟雾传感器及应用中已经详细介绍。此处不再赘述。

⚛ 【任务实施】

本任务结合 OpenCV 以及传统的图像处理技术来实现对车牌位置的检测和字符的分割；进而利用 OCR 识别库 Tesseract 来对每个字符进行识别；项目充分利用 Tesseract 的 Python 库 pytesseract 来实现车辆车牌识别。

实验步骤如下。

第一步，打开实训台相应实验代码脚本。

第二步，找到需要运行的代码部分，按照操作开始运行，实验代码如图 2-3-5 所示。

第三步，观察算法的实验结果输出，如图 2-3-6 所示。

图 2-3-5 进出车辆车牌识别实验代码

图 2-3-6 进出车辆车牌识别实验结果输出

第四步，回顾整个实验过程和原理，并做好记录。

⚛【学习自测】

试描述利用 Opencv+Tesseract 进行车牌识别的应用要点。

任务 2.3.4
劳务人脸识别及应用

劳务人脸识别及应用

⚛【任务引入】

在智慧工地中，基于深度学习技术的劳务人脸识别系统可以实现对工地内劳务人员身份的准确识别和管理。该系统可以实时监控和记录劳务人员的进出时间，提高工地管理的智能化水平。通过联动门禁系统和安保系统，可以实现对进出工地的劳务人员的实时监控和预警，有效降低管理成本和提高工作效率。此外，该系统还能够通过识别工地内黑名单人员，防止违规人员进入工地，提升工地安全保障水平。基于深度学习技术的智慧工地劳务人脸识别系统的应用，有助于提供更加安全、高效的建筑工业生产活动管理保障。

⚛ 【知识准备】

1. 人脸识别技术

人脸识别技术是指利用计算机视觉和模式识别技术，对人脸进行自动识别的一种技术。它通过采集人脸图像并提取特征信息，将其与数据库中存储的人脸信息进行比对，从而实现身份验证或身份识别的过程。

目前，随着深度学习技术的不断发展，人脸识别技术在劳务管理领域得到了广泛应用。劳务人脸识别技术是指利用人脸识别技术，对劳务工人进行身份认证，以实现管理和监督的技术手段。

（1）人脸识别技术的特点

① 非接触式识别：与传统的身份识别方式相比，人脸识别技术不需要物理接触，具有更高的便利性和舒适性。

② 自动化：人脸识别技术可以在不需要人工干预的情况下自动完成识别，提高了工作效率。

③ 高精度：随着深度学习技术的发展，人脸识别技术的准确率不断提高，已经达到了与人类视觉相当甚至超过人类视觉的水平。

人脸识别技术可以应用于各种场景，如安全监控、人脸支付、考勤签到、人脸门禁等。但是，人脸识别技术也存在一些问题，如隐私泄露、误识别等，需要在技术应用中加以考虑和解决。

（2）劳务人脸识别技术应用的场景

① 劳务工人考勤：通过人脸识别技术，实现劳务工人的考勤签到、签退，提高管理的效率和精度。

② 劳务工人进出场管理：通过人脸识别技术，对劳务工人的进出场进行自动化管理，确保安全和准确性。

③ 劳务工人身份认证：通过人脸识别技术，实现劳务工人的身份认证，防止非法人员混入，提高管理的安全性。

④ 劳务工人数据分析：通过人脸识别技术，收集劳务工人的数据，进行数据分析，了解员工的工作情况，提高管理的决策精度。

2. 人脸识别技术常用的深度学习框架

深度学习技术在人脸识别中广泛应用，并且涌现出了很多深度学习框架，其中常用的深度学习框架如下。

① TensorFlow：谷歌公司开源的深度学习框架，支持分布式计算和多种深度学习算法，包括卷积神经网络、循环神经网络等，能够实现高效的人脸识别。

② PyTorch：Facebook 开源的深度学习框架，易于学习和使用，可以快速地进行实验和原型开发，也能够实现高效的人脸识别。

③ Keras：一个高级的深度学习框架，可以在多种深度学习框架上运行，如 TensorFlow、CNTK 等，可以轻松地搭建卷积神经网络、循环神经网络等模型，适合快速原型开发。

④ Caffe：由伯克利加州大学开发的深度学习框架，适合处理大规模的图像识别任务，包括人脸识别，特别适合于从预先训练好的模型中进行微调。

⑤ MXNet：亚马逊公司开源的深度学习框架，支持分布式计算，能够快速处理大规模的数据和模型，并且有很好的灵活性和可扩展性。

这些深度学习框架都有自己的优缺点和适用场景，选择合适的框架需要根据实际需求进行评估和比较。

3. 基于深度学习的劳务人脸识别

（1）基于深度学习的劳务人脸识别模型研究

研究现有的人脸识别模型及算法，分析其在劳务人脸识别中的优缺点，包括深度神经网络模型（如 VGG、ResNet、Inception 等）以及常用的人脸检测和识别算法（如 MTCNN、Dlib、OpenCV 等）。

收集和标注劳务人员的人脸数据集，包括不同光照、表情、姿态、遮挡等情况下的人脸图像，同时考虑隐私和安全因素，确保数据集的准确性和可靠性。

根据收集到的数据集，设计和实现适用于劳务人员的深度学习人脸识别模型，包括预处理、特征提取、分类和模型优化等环节，可根据不同场景和应用需求进行定制化设计。

对模型进行评估和测试，采用常用的评估指标（如精度、召回率、F1 值等）进行评价，并与现有的人脸识别模型进行比较分析，验证模型的有效性和优越性。

最后，根据实验结果和分析，提出优化建议，包括模型改进、算法调整、数据集扩充等，以进一步提高劳务人脸识别的准确性和稳定性。同时，考虑人脸识别技术的隐私和安全问题，提出相应的解决方案，确保系统的可靠性和安全性。

（2）深度学习进行人脸识别的具体步骤

① 人脸检测：首先通过对图像进行处理，找出图像中所有可能的人脸位置，这一步可以使用卷积神经网络模型来实现。

② 人脸特征提取：再通过提取检测到的人脸的特征，将其转换为可以处理的数值形式，这一步可以使用 CNN 或深度神经网络模型来实现。

③ 人脸特征对比：最后将提取到的人脸特征与预先存储的特征（即需要识别的人）进行比较，以确定新的人脸是否真的是需要识别的人，这一步可以使用 KNN、SVM 或随机森林等。

④ 人脸分类：当有多个候选者的特征被提取出后，需要通过分类算法估算出具体候选者的身份。它可以通过比较提取出的特征和存储在计算机中的身份特征，来最终确定候选者的身份。

（3）Dlib 在人脸识别中的应用

在人脸识别领域，Dlib 的应用十分广泛，Dlib 可以用于检测劳务人员的人脸，提取人脸特征，然后进行识别。Dlib 是一个现代的 C++ 工具箱，其中包含了一些用于机器学习、图形图像处理和计算机视觉的常用算法。在人脸识别方面，Dlib 提供了一些基础算法，如人脸检测、面部标志检测、姿态估计和人脸识别等。

Dlib 是一个高效的 C++ 工具包，主要用于机器学习、计算机视觉和计算机图形学。它支持多种算法，包括人脸检测、人脸关键点检测、人脸识别、姿势估计等。Dlib 的人脸识别算法主要基于深度卷积神经网络模型，采用深度学习技术实现人脸的特征提取和人脸识别。Dlib 的人脸识别算法具有很多优点，如准确率高、稳定性好，以及对于不同姿态、光照和表情变化具有很好的适应性等。

本任务将从以下方面来分析 Dlib 在人脸识别中的应用。

① 人脸检测：Dlib 提供了一个基于 HOG 特征的人脸检测器，该检测器具有高准确率和快速检测速度。它使用一个级联分类器，该分类器由多个弱分类器组成，可以识别图像中是否存在人脸，并定位人脸的位置。与传统的人脸检测算法相比，Dlib 的人脸检测算法更加准确和鲁棒，能够处理一些具有挑战性的情况，如旋转、遮挡、光照变化等。

② 人脸关键点检测：Dlib 提供了一个基于 shape_predictor_68_face_landmarks.dat 模型的人脸关键点检测器。该模型可以检测出人脸的 68 个关键点，包括眼睛、鼻子、嘴巴等部位，可以用于人脸表情识别、头部姿态估计等应用。该模型基于人脸的形状模型，使用回归方法来估计人脸关键点的位置，具有高精度和鲁棒性。

③ 人脸识别：Dlib 提供了一个基于深度学习的人脸识别器，该识别器可以识别出图像中的人脸，并将其与已知的人脸进行比较，以确定身份。该识别器使用卷积神经网络进行特征提取，并使用线性分类器进行分类。该识别器具有高准确率和鲁棒性，在人脸识别领域有着广泛的应用。

④ 人脸对齐：Dlib 提供了一个人脸对齐的工具，可以将图像中的人脸对齐到一个标准的姿势，以便进行后续处理，如人脸识别、人脸表情识别等。该工具使用形状模型来估计人脸的形状，然后将人脸旋转、缩放和平移，使其对齐到一个标准的姿势。

在人脸识别方面，OpenCV 计算机视觉库提供了一些基础算法，如人脸检测、人脸跟踪、人脸特征提取和识别等。在劳务人脸识别中，OpenCV 可以用于预处理图像，如人脸检测、人脸裁剪、图像增强等，以提高人脸识别的精度和效率。

face_recognition 在 Dlib 的基础上，实现了一些高级功能，例如对于图像中存在多个人脸时的人脸定位和识别、对于视频流的实时人脸检测和识别，以及对于人脸姿态、光照变化等方面的鲁棒性等。此外，face_recognition 还提供了一些方便的 API 接口，可以方便地调用相关功能。

综上所述，Dlib、face_recognition 和 OpenCV 都可以用于劳务人脸识别系统的开发，其主要功能包括人脸检测、特征提取和人脸识别等。同时，这些库的应用也需要根据具体的场景和需求进行合理的选择和组合。

对劳务人脸识别进行实验所需的相关内容，包括实验硬件平台、实训台软件等在任务 2.1.1 烟雾传感器及应用中已经详细介绍。此处不再赘述。

⚛ 【任务实施】

本任务用到的人脸识别库为 Face Recgnition，其核心人脸算法是经典的人脸识别工具库 Dlib，以及计算机视觉比较常用且比较强大的 CV 库 OpenCV，来实现对图片中人脸框位置的检测、人脸的对齐、人脸的特征提取、人脸的比对等一整套完善的流程。

同时学习和掌握了基于 Dlib 进行封装的 python 库 face_recognition 和 OpenCV 工具库的使用，这两者对于人脸识别来说都至关重要。

实验步骤如下。

第一步，打开实训台相应实验代码脚本。

第二步，找到需要运行的代码部分，按照操作开始运行，实验代码如图 2-3-7 所示。

第三步，观察算法实验结果输出，如图 2-3-8 所示。

第四步，回顾整个实验过程和原理，并做好记录。

图 2-3-7　劳务人脸识别实验代码

图 2-3-8　劳务人脸识别实验结果输出

试描述利用深度学习进行人脸识别的技术应用要点。

任务 2.3.5
物料识别及应用

物料识别及
应用

【任务引入】

在智慧工地应用中，基于深度学习技术的施工物料识别系统可以通过识别、记录工地物料的进出、消耗情况，提高施工管理的智能化水平。该系统能够实时监控工地物料的使用情况，减少浪费，提高施工效率，降低成本。通过联动物料库存管理系统和供应链管理系统，可以实现物料的精准采购和配送，保证物料的充足性和质量，提升工地施工的安全性和质量水平。基于深度学习技术的智慧工地施工物料识别的应用，将为建筑工业生产活动提供更加高效、智能的管理保障。

【知识准备】

1. 物料识别技术

物料识别技术是一种基于计算机视觉和深度学习技术的智能识别技术，主要用于对建筑施工物料，如钢筋、钢管、模板、沙子等物体进行分类、识别和跟踪。在智慧工地场景中，物料识别技术可以帮助施工人员准确、高效地识别各种建筑材料，从而提高施工效率和质量。

物料识别技术的主要方法包括传统的图像处理技术和基于深度学习的技术。传统的图像处理技术主要包括特征提取、模板匹配、边缘检测和形态学处理等方法，但这些方法对光照、角度和物体遮挡等因素比较敏感，识别精度难以保证。基于深度学习的物料识别技术则通过卷积神经网络等深度学习模型，能够自动学习物料的特征，具有较强的鲁棒性和准确性。

在物料识别技术的研究中，还有一些关键技术需要解决，如数据集采集、数据标注、模型优化和在线实时识别等方面。

2. 常用物料识别模型

常用的物料识别模型包括以下几种。

① YOLO（You Only Look Once）：一种基于深度学习的实时目标检测算法，可以同时进行物体检测和识别。

② Faster R-CNN（Region-based Convolutional Neural Network）：一种基于深度学习的目标检测算法，能够快速准确地识别物体位置。

③ SSD（Single Shot Multibox Detector）：一种基于深度学习的目标检测算法，能够同时进行物体检测和识别，具有实时性和准确性。

④ MobileNet：一种轻量级深度学习模型，适合在移动设备上进行实时物体识别。

⑤ ResNet（Residual Network）：一种深度神经网络模型，可以有效地解决深层网络中的梯度消失和梯度爆炸问题，提高了物体识别的准确性。

这些模型在物体识别任务中都有较好的表现，可以根据具体的应用场景选择合适的模型。同时，还可以通过对模型进行迁移学习或微调等方法，来提高模型在特定领域的表现。

3. 基于深度学习的物料识别

基于深度学习技术的智慧工地物料识别应用主要包括以下方面。

（1）数据采集和处理

物料识别需要大量的物料图像数据来训练和测试模型。因此，在物料识别应用中，数据采集和处理是一个关键的环节。数据应当包含各种角度、光照条件、尺寸、颜色等多种变化。数据采集可以通过现场摄像头或者无人机拍摄获得物料图像，采集的数据需要进行清洗和预处理，包括图像的裁剪、缩放、去噪、增强等操作，以增加数据量、提高数据质量和减小模型对数据的敏感性。

（2）物料识别模型选择

物料识别可以使用传统的计算机视觉方法，也可以使用深度学习技术。在深度学习技术中，卷积神经网络是一种常用的物料识别模型。物料识别模型的选择需要考虑物料的种类、形状、大小等因素。使用深度学习模型对物料图片进行特征提取，提取出图片中的关键特征信息。常用的特征提取模型包括 VGG、ResNet、Inception 等。

（3）物料识别模型训练

物料识别模型的训练需要大量的物料图像数据集，使用特征提取模型在大量数据上进行训练，以获得模型的权重参数。训练时需要选择合适的优化算法、损失函数和超参数，以提高模型的精度和泛化能力。在训练过程中，可以使用数据增强技术，包括随机裁剪、翻转、旋转、缩放等操作，增加数据集的多样性。训练的目标是得到一个准确的物料分类模型，可以使用交叉验证等方法对模型进行评估。

（4）物料识别模型部署

物料识别模型的部署可以使用现有的深度学习框架进行实现。一般情况下，可以使用 TensorFlow、PyTorch 等框架来训练和部署模型。在部署过程中，可以使用 NVIDIA 的 GPU 加速计算，提高模型的识别速度。

（5）物料识别应用开发

物料识别应用的开发可以使用 Python 等编程语言进行实现。在 Python 中，可以使用 OpenCV、Dlib、face_recognition 等库来进行图像处理和物料识别。应用程序可以采用 Web 应用程序或移动应用程序的形式，提供物料识别和监控功能。

综上所述，基于深度学习技术的智慧工地物料识别应用可以提高工地建设的安全性和效率。

基于 YOLOv5-m、PyTorch 和 OpenCV 的物料识别应用一般分为以下步骤。

① 数据采集与预处理：从工地现场采集大量包含待识别物料的图像数据，并进行预处理，包括图像的缩放、裁剪、旋转、翻转、亮度和对比度的调整等操作。

② 模型训练：基于采集的图像数据，使用 YOLOv5-m 模型在 PyTorch 平台上进行训练。训练过程包括数据的划分、训练超参数的设置、模型的训练和调优等。其中，数据划分通常采用 8 : 1 : 1 的训练集、验证集和测试集的比例进行。

③ 模型评估：使用测试集对训练好的模型进行评估，计算模型的精确度、召回率、F1 值等评价指标。

④ 模型部署：将训练好的模型部署到工地现场进行实时物料识别。部署过程中，需要使用 OpenCV 对图像进行处理，包括图像的读取、缩放、裁剪、色彩空间的转换等。

⑤ 物料识别结果输出：将识别结果输出到终端或云平台，方便相关人员实时查看物料的状态和数量，做出相应的调度和决策。

在这个过程中，YoloV5-m 模型主要负责物料的检测和定位，PyTorch 平台用于训练和优化模型，OpenCV 用于图像处理和模型部署，从而实现对工地物料的高效、准确识别。

本任务利用当下广泛流行的目标检测框架 YOLO 系列算法模型 YoloV5-m、主流的深度学习框架 Pytorch，以及计算机视觉比较常用且比较强大的 CV 库 OpenCV，来实现对图片中物料的位置和类别信息的识别。

物料识别实验所需的相关内容，包括实验硬件平台、实训台软件等在任务 2.1.1 烟雾传感器及应用中已经详细介绍。此处不再赘述。

❀【任务实施】

实验步骤如下。

第一步，打开实训台相应实验代码脚本。

第二步，找到需要运行的代码部分，按照操作开始运行，实验代码如图 2-3-9 所示。

第三步，观察算法实验结果输出，如图 2-3-10 所示。

第四步，回顾整个实验过程和原理，并做好记录。

图 2-3-9　物料识别实验代码

图 2-3-10　物料识别实验结果输出

⚛ 【学习自测】

　　试描述基于深度学习算法 YOLO 是如何服务于建筑场景实现目标检测的，以及 YOLO
模型是如何进行推理应用的。

习题与思考

一、填空题

1. 视频识别技术是一种基于_____和_____的技术，用于自动识别和分类视频内容。

2. 视频监控系统可以通过分析视频中的_____和_____信息，自动检测和报告任何异常或可疑行为，从而帮助提高安全性。

3. 卷积神经网络是一种通过_____操作来提取图像等数据的特征的神经网络结构。

4. OCR 技术是一种将图像中的_____转换为计算机可编辑的文本的技术。

5. OCR 技术广泛应用于各种场景，包括扫描文档、_____识别、身份证识别等。

6. 物料表单 OCR 识别中，文本检测和_____是主要的核心步骤。

7. ANPR 是一种基于_____和模式识别技术的自动识别和判断车辆号牌技术。

8. 车牌识别的实现包括图像获取、车牌检测、车牌字符分割和光学字符识别（OCR）等步骤。其中_____步是将车牌图像分割成单个字符。

9. 人脸识别技术是利用计算机视觉和模式识别技术对人脸进行自动识别的一种技术，通过采集人脸图像并提取特征信息，将其与数据库中存储的人脸信息进行比对，实现身份验证或身份识别的过程。其中，人脸识别技术的特点之一是_____。

10. 人脸识别技术常用的深度学习框架中，由伯克利加州大学开发的深度学习框架是_____。

11. 物料识别技术主要用于对建筑施工物料进行_____、_____和_____。

12. 基于深度学习的物料识别技术通过_____等深度学习模型，能够自动学习物料的特征，具有较强的鲁棒性和准确性。

13. 常用的物料识别模型包括_____、Faster R–CNN、SSD、MobileNet 和 ResNet 等。

二、简答题

1. 什么是目标检测？什么是文本检测？
2. 光学字符识别（OCR）的主要作用是什么？

三、讨论题

1. 深度学习技术在哪些领域得到了广泛应用？它们是如何运用深度学习技术的？

2. OCR 技术中，基于传统计算机视觉方法和基于深度学习方法两种文本检测算法各有哪些优缺点？你认为这两种方法应该如何选择使用？

3. 车牌识别技术在城市交通管理、车辆道路安全监控和停车场管理等领域的应用给我们带来了哪些好处？同时，它的应用也会带来哪些潜在的风险？如何平衡这些利弊？

4. 人脸识别技术在应用中存在哪些问题？应该如何解决？

5. 数据集采集、数据标注、模型优化和在线实时识别等方面在物料识别技术中都是需要解决的关键技术，试谈谈你认为哪个方面最具挑战性？为什么？你认为应该采取哪些措施来解决这些挑战？

模块 **3**
物联网的网络层及其应用

项目 3.1
无线传感器网络及其应用

知识目标

1. 了解常用的无线通信技术；

2. 了解无线传感器网络的应用。

技能目标

1. 能够列举常用的无线通信技术；

2. 能够举例说出现实生活中无线传感器网络的应用。

素养目标

1. 能够适应技术变化和变革，具有终身学习的意识；

2. 了解我国无线传感器网络的发展状况，坚定理想信念。

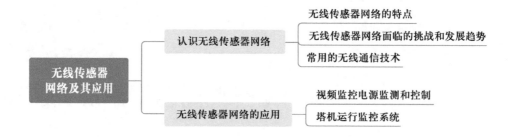

认识无线传
感器网络

任务 3.1.1
认识无线传感器网络

【任务引入】

无线传感器网络与通信技术和计算机技术共同构成信息技术的三大支柱,被认为是对 21 世纪产生巨大影响力的技术之一。无线传感器网络的发展将帮助物联网实现信息感知能力的全面提升,从而使人类全面置身于信息时代。无线传感器网络是新一代的传感器网络,具有非常广泛的应用前景,其发展和应用将会给人类的生活和生产的各个领域带来深远影响。

【知识准备】

1. 无线传感器网络的特点

作为一种新型网络,相比传统的无线网络,无线传感器网络具有如下特点。

① 大面积的空间分布。如在军事应用方面,可以将无线传感器网络部署在战场上以跟踪敌人的军事行动,智能化的终端可以大量地被装在宣传品、子弹或炮弹壳中,在目标地点撒落下去,形成大面积的监视网络。

② 能源受限制。网络中每个节点的电源是有限的,网络大多工作在无人区或者对人体有伤害的恶劣环境中,几乎不可能更换电源,这要求网络功耗小,以延长网络的寿命。而且要尽可能节省电源消耗。

③ 网络自动配置,自动识别节点,包括自动组网、对入网的终端进行身份验证防止非法用户入侵。

④ 网络的自动管理和高度协作性。在无线传感器网络中,数据处理由节点自身完成,以数据为中心的特性是无线传感器网络的又一特点。每个节点仅知道自己邻近节点的位置和标识,传感器网络通过相邻节点之间的相互协作来进行信号处理和通信,具有

很强的协作性。

⑤ 传感器网络的拓扑结构变化快。传感器网络自身的特点使得传感器网络的拓扑结构变化很快，这对网络各种算法的有效性提出了挑战。此外，如果节点具备移动能力，也有可能带来网络的拓扑变化。

2. 无线传感器网络面临的挑战和发展趋势

鉴于无线传感器网络具有诸多不同于传统数据网络的特点，这对无线传感器网络的设计与实现提出了新的挑战，主要体现在低功耗、实时性、低成本、抗干扰、安全及协作等多个方面。这些挑战决定了 WSN（Wireless Sensor Network，无线传感器网络）的设计方向和发展趋势。

① 设计灵活、自适应的网络协议体系结构。由于 WSN 面对的是大相径庭的应用背景，因此路由机制、数据传输模式、实时性和组网机制等都与传统网络有着极大的差异。设计一种功能可剪裁、灵活可重构并适用于不同应用需求的 WSN 协议体系结构是未来 WSN 发展的一个重要方向。

② 跨层设计。WSN 采用分层的体系结构，各层的设计相互独立并具有一定的局限性，因此各层的优化设计并不能保证整个网络的设计最优。跨层设计可以在不相邻的协议层之间实现互动，从而达到平衡整个 WSN 性能的目的。

③ 与其他网络的融合。物联网就是将 WSN 与互联网、移动通信网络融合在一起，使 WSN 能够借助这两种传统网络传递信息，从而利用传感信息实现应用的创新。然而，WSN 与互联网的异构性决定了 WSN 无缝接入互联网的难度。

3. 常用的无线通信技术

（1）ZigBee 技术

ZigBee 技术是一种短距离、低功耗的无线通信技术。其特点是近距离、低复杂度、自组织、低功耗、低数据速率，主要适合用于自动控制和远程控制领域，可以嵌入各种设备。

ZigBee 技术主要用于距离短、功耗低且传输速率不高的各种电子设备之间，可进行数据特别是典型的有周期性数据、间歇性数据和低反应时间数据传输的应用。ZigBee 技术可工作在 2.4 GHz（全球流行）、915 MHz（美国流行）和 868 MHz（欧洲流行）3 个频段上，分别具有最高 250 kbit/s、40 kbit/s 和 20 kbit/s 的传输速率，其传输距离为 10 ~ 75 m，但可以继续增加。作为一种无线通信技术，ZigBee 自身的技术优势主要有功耗低、成本低、可靠性高、容量大、时延小、安全性好、有效范围小、兼容性好等。

（2）蓝牙低能耗技术

蓝牙低能耗（Bluetooth Low Energy，BLE）技术，也称为低功耗蓝牙，是低成本、短距离、可互操作的鲁棒性无线技术，工作在免许可的 2.4 GHz ISM 射频频段，有 BLE4.0、BLE4.1、BLE4.2、BLE 5.0 等多个协议版本。其利用智能手段可最大限度地降低功耗，多用于移动设备和智能可穿戴设备。

（3）Wi-Fi 技术

Wi-Fi（Wireless Fidelity）技术是一种允许电子设备连接到一个无线局域网（Wireless

Local Area Networks，WLAN）的技术，通常使用 2.4G UHF 或 5G SHF ISM 射频频段。Wi-Fi 具有速度快、可靠性高、安装简单、入网方便、覆盖范围较广等特点，常用于一定范围内的大容量数据吞吐。

（4）NB–IoT

窄带物联网（Narrow Band Internet of Things，NB–IoT）构建于蜂窝网络，可直接部署于 GSM 网络、UMTS 网络或 LTE 网络，以降低部署成本、实现平滑升级。NB–IoT 的特点是覆盖广泛、功耗极低，由运营商提供连接服务。其多用于城市管网监控、远程抄表系统等。

（5）LoRa 技术

远距离无线电（Long Range Radio，LoRa）是一种基于 Sub–GHz 技术的无线传感网络。其可使用电池供电，在电池供电的情况下以较低的数据速率可延长电池寿命和增加网络的容量。LoRa 网络的特点是传输距离远，易于建设和部署，功耗低且成本低。其适用于大范围环境数据采集。

（6）5G 技术

第五代移动通信技术（5 th Generation Mobile Communication Technology，5G）是具有高速率、低时延和大连接特点的新一代宽带移动通信技术，5G 通信设施是实现人机物互联的网络基础设施。5G 作为一种新型移动通信网络，不仅要解决人与人通信，为用户提供增强现实、虚拟现实、超高清视频等更加身临其境的极致业务体验，更要解决人与物、物与物的通信问题，满足移动医疗、车联网、智能家居、工业控制、环境监测等物联网应用需求。最终，5G 将渗透到经济社会的各行业、各领域，成为支撑经济社会数字化、网络化、智能化转型的关键新型基础设施。

（7）NFC 技术

近场通信（Near Field Communication，NFC）是由飞利浦、诺基亚和索尼公司主推的一种类似于射频识别、一种非接触式的自动识别技术（RFID）的短距离无线通信技术标准。与 RFID 不同，NFC 采用了双向的识别和连接技术，在 20 cm 内工作于 13.56 MHz 频率。NFC 最初仅是遥控识别和网络技术的合并，但现在已发展成无线连接技术。通过 NFC，可实现多个设备（计算机、手机、数字照相机等）之间的无线互联，可使它们彼此交换数据与服务，实现移动支付、电子票务、门禁、移动身份识别、防伪等应用。

⚛ 【任务实施】

无线通信技术有很多，无线传感器网络应用广泛。建议多方面去了解，然后总结出自己的看法，用自己的语言解释什么是无线传感器网络，以及常用的无线通信技术有哪些。

【学习自测】

你身边有哪些无线传感器网络应用？它是如何改变你的生活的？

任务 3.1.2
无线传感器网络的应用

无线传感器
网络的应用

【任务引入】

无线传感器网络应用系统中大量采用具有智能感测和无线传输的微型传感设备或微型传感器。无线传感器网络有着巨大的应用前景，已有和潜在的传感器应用领域包括军事侦察、环境监测、医疗和建筑物监测等。无线传感器网络的应用和人们的生活息息相关，通过实现透彻的网络化感知，有效提高人们的生产和生活质量。

【知识准备】

结合无线传感器网络传输优势，逐步打造建筑工地的智慧管理模式，可以减少人工的投入，建立预警机制，避免或减少安全事故。通过安装在建筑施工作业现场的各类传感装置，构建智能监控和防范体系，能有效弥补传统方法和技术在监管中的缺陷，实现对"人、机、料、法、环"的全方位实时监控，变被动"监督"为主动"监控"。以预防为主，综合治理的新理念，打造一级安全的智慧工地管理系统。

1. 视频监控电源监测和控制

视频监控电源监测和控制网络拓扑图，如图 3-1-1 所示。增加无线电源控制器设备，主要完成以下几个功能。

① 监控中心远程完成视频监控设备上电、下电操作。

② 监测视频监控设备的电流情况及监测设备是否接电。

③ 对市电供电异常中断的情况，启用备用电池，发送异常数据，管理人员收到信息后及时排障处理，避免安全隐患。

④ 实现批量监控下电操作。

⑤ 对机柜环境进行温度相关监测。

2. 塔机运行监控系统

塔机运行监控系统网络拓扑图，如图 3-1-2 所示。智慧塔机增加无线控制和相关传感设备，主要完成以下功能。

① 实时监测塔机相关运行环境情况，如风速、平衡、高度、重度、幅度等情况，管理人员能及时获知最新的运行情况，对可能出现的风险及时调整或暂停施工。

② 对塔机视频监控设备进行相关远程排障或者控制。

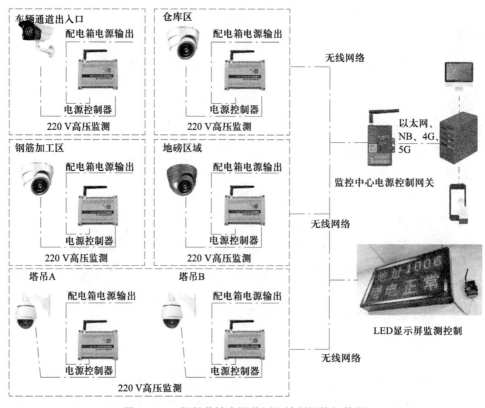

图 3-1-1　视频监控电源监测和控制网络拓扑图

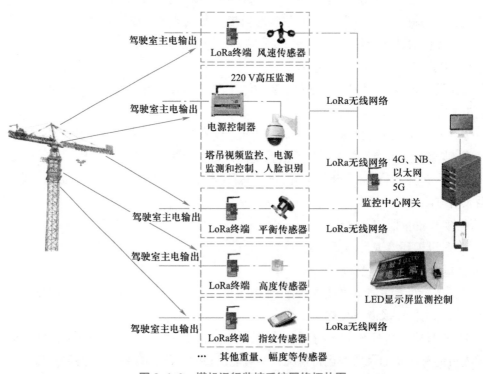

图 3-1-2　塔机运行监控系统网络拓扑图

③ 对进入塔机操作的人员进行指纹识别，在岗人员必须持证上岗，无经授权人员无法开启设备。

⚛ 【任务实施】

绿色智慧工地是智慧城市在建筑施工领域的延伸。在无线通信技术的助力下，可建立事前预防预控、事中智能管控、事后统计分析、过程智慧决策的闭环管理模式，推动工地管理更规范、施工更安全、生产更高效。综合运用无线通信技术、大数据、AI（人工智能）、AR（增强现实）等先进技术，可搭建智慧工地综合管理平台，助力建筑工地迈入智能时代。围绕"人、机、料、法、环"五大因素，基于环保检测及节能减排系统，对建筑工地扬尘、气象、噪声等进行实时监测，当达到预设阈值，平台会进行告警并启动喷淋系统与监测系统智能联动，为工地除尘、降噪，确保指标恢复到达标状态，逐步实现绿色建造和生态建造。

请查阅资料，详细了解无线传感器网络在绿色智慧工地中的应用，并结合上述内容，绘制绿色智慧工地中常用子系统的网络拓扑图。

⚛ 【学习自测】

试用自己的语言描述绿色智慧工地中无线传感器网络的具体应用。

习题与思考

一、填空题

1. 无线传感网络技术与_____和_____共同构成信息技术的三大支柱。

2. _____采用了双向的识别和连接技术，在 20 cm 内工作于 13.56 MHz 频率。

二、简答题

1. 什么是无线传感器网络？它有哪些主要特征？

2. 列举 3 种无线通信技术。

三、讨论题

当前智慧工地解决方案都是围绕"人、机、料、法、环"5 个维度实现，同质化较为严重。基于区块链和物联网技术的智慧工地解决方案可以将人与物进行自动感知化，工作互联化，实体物联化、智能化，借助于区块链技术，可以将所有数据进行存证。查找资料，根据自己的理解，绘制基于区块链和物联网技术的智慧工地架构图。

项目 3.2
蓝牙通信技术及其应用

[学习目标]

知识目标

1. 掌握蓝牙的技术特点；

2. 了解蓝牙无线通信技术的应用。

技能目标

1. 能够在实训台开展蓝牙通信的实验工作；

2. 建立蓝牙通信连接并获取传感器数据，并通过姿态结算算法实现场景应用。

素养目标

1. 通过对蓝牙技术应用实践的学习，激发创新热情；

2. 能够适应技术变化和变革，具有终身学习的意识。

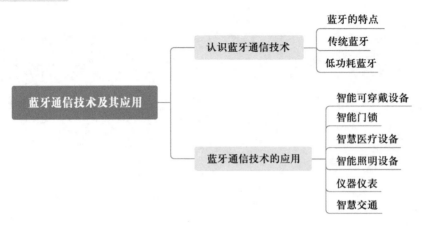

认识蓝牙通信技术

任务 3.2.1
认识蓝牙通信技术

【任务引入】

蓝牙技术设计之初的目标是用无线连接替换设备间的多种电缆。经过数年的技术发展，蓝牙能够在个人区域内使各种通信设备之间实现快速的数据传输和语音通信，进行灵活的资源共享。

【知识准备】

1. 蓝牙的特点

蓝牙技术具有以下特点。

（1）全球范围适用

蓝牙工作在 2.4 GHz 的 ISM 频段，该频段在世界范围内都无须申请许可，可自由使用，免付费。

（2）支持同时传输语音和数据

蓝牙可以提供 1 个异步数据信道、3 个语音信道或 1 个异步数据和同步语音同时传输的信道。

（3）抗干扰能力强

蓝牙将 2.4 ~ 2.485 GHz 的频段分成 79 个频点，相邻频点间隔 1 MHz。在此基础上，蓝牙采用跳频（Frequency Hopping，FH）的方式来扩展频谱，设备在工作时使用不同的跳频序列，载波频率在不同的频点之间跳变，由此可以有效地避免受到其他工作在 ISM

频段设备的干扰。

（4）无需基站，支持点到点或点到多点的连接

蓝牙网络以蓝牙模块为节点，采用 Ad-hoc（点对点）方式组网，不需要使用基站。

（5）低功耗

在通信连接状态下，蓝牙具有 4 种工作模式，除了激活（Active）模式外，呼吸（Sniff）模式、保持（Hold）模式和休眠（Park）模式是为了节能而规定的 3 种低功耗模式，从而能够在通信量减少或通信结束时实现超低的功耗。

（6）低成本

随着市场需求的扩大和蓝牙技术的发展，目前蓝牙模块电路简单、体积小、价格低廉、方便移植到多种设备中。

（7）保密性

蓝牙重视隐私保护，在基带协议中就加入了鉴权和加密功能。另外，跳频技术本身也具有一定程度的保密功能。

2. 传统蓝牙

传统蓝牙技术规范采用灵活开放的原则设计协议和协议栈。为保证种类繁多的蓝牙设备和应用之间能够实现互联互通，所有设备都要实现蓝牙协议栈中的数据链路层和物理层，但并不要求必须实现全部协议，应用可以根据自身需求选择其他协议。在高层协议的设计方面，蓝牙尽可能重用现存的协议，而不是重新设计和实现新协议，所以蓝牙中包含了很多已经稳定、成熟的协议。蓝牙协议栈的灵活性和开放性保障了设备制造厂商快速开发多种多样的兼容蓝牙技术规范的软、硬件应用。

3. 低功耗蓝牙

低功耗蓝牙（BLE）是一种新型的超低功耗无线传输技术。功耗和传输速率是其重点改善的技术指标。根据蓝牙技术联盟的数据，低功耗蓝牙的峰值功耗仅为以前版本的 1/2，一颗纽扣电池就能支持使用了蓝牙 4.0 的电子设备正常工作一年以上。蓝牙 4.0 规范定义了两种实现方式：单模（single-mode）方式和双模（dual-mode）方式。双模方式的芯片将低功耗蓝牙协议集成到传统蓝牙控制器之中，实现两种蓝牙的共存共用；单模方式的芯片仅采用低功耗蓝牙协议，降低了设备功耗，提高了数据传输速率。

❂【任务实施】

查阅资料，了解目前的蓝牙产品，简述蓝牙技术主要用在哪些方面。

❂【学习自测】

试用自己的语言描述蓝牙技术的特点。

任务 3.2.2
蓝牙通信技术的应用

❀【任务引入】

蓝牙采用了全球通用的短距离无线连接技术，工作频段全球通用，适于全球范围内用户无界限的使用，可以与手机、PDA（个人数码助理）、无线耳机、笔记本电脑、相关外围传感器等多种设备进行无线信息交换，可支持接收温度气压计、高精度加速度计、陀螺仪、磁力计等感知数据。

❀【知识准备】

1. 智能可穿戴设备

由于蓝牙具有低功耗的特点，很多智能穿戴设备都依靠蓝牙技术进行无线连接，延长了可穿戴设备的运行时间，常见的有智能手环、智能手表等。

2. 智能门锁

门锁内安装蓝牙模块，可以通过手机 App 与门锁的蓝牙进行配对，将解锁信息通过蓝牙模块发送给智能门锁，可非常快捷、方便、安全地开锁。

3. 智慧医疗设备

通过蓝牙模块，可以将健康医疗设备获取的患者身体实时数据传输给蓝牙模块的MCU，经过计算，可以将数据显示到计算机上，也可以将数据通过蓝牙模块传到手机App 上，手机 App 接收分析数据后，在手机端实时监控患者健康数据。

4. 智能照明设备

将手机蓝牙与照明设备上的蓝牙进行配对，可以实现对灯光的控制，比如调节亮度和颜色等，操作非常灵活方便。

5. 仪器仪表

蓝牙传输信号稳定且具备无线传输的特点，应用蓝牙模块的仪器仪表在监测数据时不受外界环境的干扰，能够稳定、准确地读取及监测数据。

6. 智慧交通

以蓝牙技术为基础搭建的智能车位锁解决方案可实现车位智能锁、使用记录、车位共享、车位查找等功能，将蓝牙模块应用在车位锁上，通过无线信道与控制端（手机）的蓝牙传输数据，并由控制端（手机）的 App 对车位锁的工作状态进行操作控制，这样能够有效利用停车位资源，缓解城市"停车难"的问题。

⚛ 【任务实施】

建筑工地如何实现工人定位？手环是如何与手机连接，并能对运动状态进行检测和记录步数？

本实验拟通过传感器监测物体姿态，并通过蓝牙技术传输至平台进行物体的姿态运算。

1. 预备问题

① 准备好足够的杜邦线，了解杜邦线的用途和使用方法。

② 准备好接线电路图，按照接线图正确无误地完成接线。

③ 准备好实验记录，记录和观察实验的目的以及实验原理。

④ 记住实验过程中用到的各模块，了解各个模块的作用和用途。

2. 实验仪器

本实验用到的仪器有建筑人工智能物联网实训台（图 3-2-1）、蓝牙姿态传感器（图 3-2-2）、蓝牙接收器（图 3-2-3）、电池。

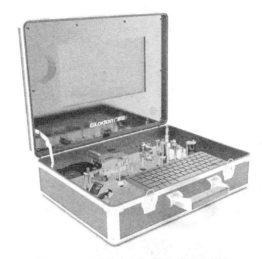

图 3-2-1　建筑人工智能物联网实训台

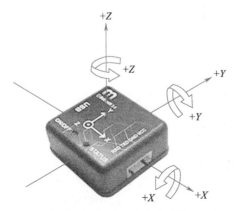

图 3-2-2　蓝牙姿态传感器

图 3-2-3　蓝牙接收器

3. 实验原理

① 蓝牙通信：使用的是低功耗蓝牙的广播机制，采用数据主动上报方式。共有两个角色：发送方负责发送广播；另外一方为监听方，监听广播信号。支持蓝牙5.0并向下兼容，8 dBm发射功率，92 dBm接收功率，无遮挡时大于30 m传输距离。

② 十轴姿态传感器：内置高精度加速计、陀螺仪、磁力计、温度气压计，可实现温度、气压、高度测量，读取三维角速度x、y、z、欧拉角x、y、z、重力加速度gX、gY、gZ，以及三维空间位置x、y、z等。

③ 姿态解算算法：通过实训台实现，提供原始数据采集、姿态算法及模拟姿态动画，可实现运动检测并记录步数。

蓝牙实验原理图如图3-2-4所示。

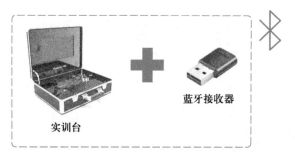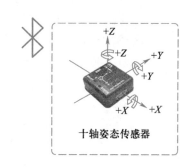

图3-2-4 蓝牙实验原理图

4. 注意事项

按照实验步骤完成操作。

5. 实验步骤

（1）硬件设备启动及软件环境准备

① 打开实训台并启动电源，如图3-2-5所示。

图3-2-5 打开实训台

② 进入实验界面（图3-2-6），点击蓝牙通信实验（图3-2-7）。

③ 将蓝牙接收器接入实训台操作面板右上侧 USB 口。

图 3-2-6　实验界面

图 3-2-7　蓝牙通信实验

（2）传感器通过蓝牙接入实训台

① 打开十轴姿态传感器，如图 3-2-8 所示，蓝灯单闪，蓝牙广播中，指示灯示意图如图 3-2-9 所示。

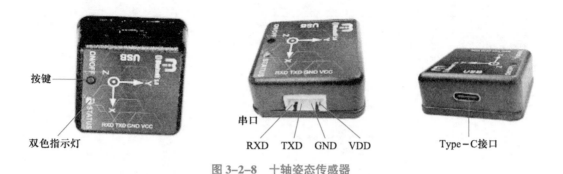

图 3-2-8　十轴姿态传感器

	LED-B 蓝色灯	LED-R 红色灯	状态描述
—	亮2秒	亮2秒	设备刚开机红、蓝色灯会一起亮2秒
充电口 有接电源	灭	常亮	正在充电
	常亮	灭	已充满电
充电口 无接电源	单闪	灭	电量正常，且蓝牙广播中
	双闪	灭	电量正常，且蓝牙已连接
	灭	单闪	电量已低于20%，且蓝牙广播中
	灭	双闪	电量已低于20%，且蓝牙已连接
	三闪	灭	电量正常，且当前串口或蓝牙通信带宽不足
	灭	三闪	电量已低于20%，且当前串口或蓝牙通信带宽不足

图 3-2-9　指示灯示意图

② 电脑通过指令获取 MAC 地址或传感器上 MAC 标签。右击鼠标，打开终端 Open Terminal，输入命令 bluetoothctl，scan on，获取到获取 IMU 开头设备 MAC 地址，如 43：95：E1：60：4D：14。

（3）连接传感器并读取传感器数据

执行 python 文件连接并读取数据，显示 python3 imu_node.py 43：95：E1：60：4D：14，打印 connected 即为连接成功，且传感器蓝色灯双闪。

（4）姿态动画展示

① 监测数据实时面板，如图 3-2-10 所示。

② 姿态动画同步，如图 3-2-11 所示。

无重力加速度m/s²		含重力加速度m/s²		角速度 °/s		磁场uT		温度、气压		清零
X:	−000.0000	X:	−000.0000	X:	−000.0000	X:	−000.0000	温度:	−000.0000	℃
Y:	−000.0000	Y:	−000.0000	Y:	−000.0000	Y:	−000.0000	气压:	−000.0000	hPa
Z:	−000.0000	Z:	−000.0000	Z:	−000.0000	Z:	−000.0000	高度:	−000.0000	m
|a|:	−000.0000	|A|:	−000.0000	|w|:	−000.0000	|H|:	−000.0000	毫秒:	0000000000	ms

导航系加速度m/s²		四元数		欧拉角°		三维位置 m		活动检测		
X:	−000.0000	w:	−000.0000	X:	−000.000	X:	−000.0000	步数		走路: no
Y:	−000.0000	x:	−000.0000	Y:	−000.000	Y:	−000.0000		0	跑步: no
Z:	−000.0000	y:	−000.0000	Z:	−000.000	Z:	−000.0000			骑车: no
|as|:	−000.0000	z:	−000.0000					清零		开车: no
						清零				

图 3-2-10　监测数据实时面板

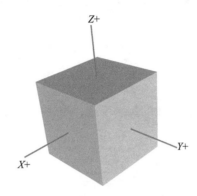

图 3-2-11　姿态动画同步

⊛【学习自测】

在智慧工地应用中，蓝牙多用于工地人员定位监测。请查阅资料，结合具体应用简要描述智慧工地人员定位系统功能，并画出智慧工地人员定位系统硬件框架图。

◁ᴇ 习题与思考

一、填空题

1. BLE 蓝牙，即_____。BLE 是一个综合协议规范，支持单模式和双模式两种部署方式。

2. 蓝牙 4.0 规范定义了两种实现方式：_____方式和_____方式。

二、简答题

1. 简述蓝牙技术的特点。
2. 比较传统蓝牙与低功耗蓝牙的技术规范，简述其区别。

三、讨论题

试分析蓝牙无线通信技术的特点，并讨论其适用场景。

项目 3.3
ZigBee 通信技术及其应用

[学习目标]

知识目标

1. 掌握 ZigBee 技术的特点；

2. 了解 ZigBee 技术的应用。

技能目标

1. 能够在实训台开展 ZigBee 通信的实验工作；

2. 能够建立无线通信连接并获取传感器数据。

素养目标

1. 通过对 ZigBee 技术应用实践的学习，激发创新热情；

2. 能够适应技术变化和变革，具有终身学习的意识。

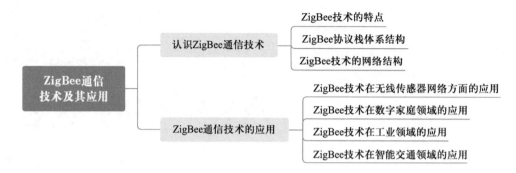

认识 ZigBee
通信技术

任务 3.3.1
认识 ZigBee 通信技术

【任务引入】

ZigBee 技术的设计目标并不是与蓝牙或其他短距离无线通信技术竞争，而是针对已有技术不能满足其需求的部分特定应用。ZigBee 技术具有非常广阔的应用前景。

【知识准备】

1. ZigBee 技术的特点

ZigBee 技术具有以下优势。

（1）低功耗

ZigBee 设备数据传输速率小，并且引入了休眠模式，因此整体功耗非常低。经估算，在低功耗待机模式下，两节普通 5 号电池可使设备正常工作 6~24 个月。相比传统蓝牙和 WLAN 技术，ZigBee 技术极大地降低了网络维护的负担。

（2）成本低

ZigBee 数据传输速率低，协议简单，仅需占用 4~32 KB 的系统资源，普通节点只需要 8 位的微处理器。同时 ZigBee 的专利免费，进一步降低了成本。

（3）数据传输速率低

ZigBee 提供 3 种数据传输速率：250 kbit/s（2.4 GHz）、40 kbit/s（915 MHz）、20 kbit/s（868 MHz），专门面向低速率的应用。

（4）网络容量大

ZigBee 网络可以灵活地选择星形、树形和网状网络结构；一个协调器可控制的网络能包含 255 个设备，如果采用层次结构，ZigBee 网络理论上最多能容纳 65 535 个设备。

（5）时延短

ZigBee 通信时延和响应时间都很短，通常在 15～30 ms，如从休眠状态转换到工作状态只需 15 ms，设备搜索时延是 30 ms，节点接入网络也只需 30 ms。

（6）安全

ZigBee 采用 AES-128 加密算法，可以提供数据完整性检查和鉴权功能。

（7）有效范围小

ZigBee 的通信有效覆盖范围是 10～100 m，具体依据实际发射功率的大小和各种不同的应用模式而定。

（8）传输可靠

ZigBee 在物理层使用直接序列扩频（Direct Sequence Spread Spectrum，DSS）技术，在介质访问控制（Media Access Control，MAC）层采用了 802.11 的 CSMA/CA 技术，有效避免了数据传输的冲突，同时为需要固定带宽的业务预留了专用时隙。

2. ZigBee 协议栈体系结构

ZigBee 是基于 IEEE 802.15.4 通信标准构建的网络协议栈。IEEE 802.15.4 标准定义了物理层和 MAC 层，为个人区域网络提供低速率的无线通信解决方案。ZigBee 联盟在此基础上定义了网络层（Network Layer，NWK）和应用层（Application Layer，APL），构造了完整的网络协议栈体系。其中，应用层包括应用支持子层（Application Support Sublayer，APS）、ZigBee 设备对象（ZigBee Device Object，ZDO）和应用架构（Application Framework，AF）。每个层次中的实体根据功能分为数据实体和管理实体，数据实体提供数据传输服务，管理实体提供控制和管理服务。上层和下层的实体通过层次间的服务接入点（Service Access Point，SAP）相连，SAP 提供大量功能支持层次间实体的互操作。

3. ZigBee 技术的网络结构

（1）网络拓扑

ZigBee 基于 IEEE 802.15.4 标准定义的通信功能来构建低功耗、低成本的网络系统。

ZigBee 网络可以采用 3 种拓扑结构：星形拓扑、网状拓扑和树形拓扑，如图 3-3-1 所示。

星形拓扑如图 3-3-1（a）所示。网络中存在一个处于中心位置的协调器，其他节点都是终端节点，所有节点都与协调器连接，控制命令和数据都需要通过协调器传输。星形拓扑结构简单、管理方便，是最常见的网络拓扑结构，大量使用于智能家居和健康监护等应用中。但星形拓扑的网络性能完全依赖于中心节点，网络覆盖范围小、规模受限且灵活性较差。

网状拓扑如图 3-3-1（b）所示。其中存在多个相互连接的路由器节点，提供了丰富的连接资源，网状拓扑中的数据转发任务由所有路由器节点共同分担，协调器仅负责网络的初始化和组建工作。这种方式极大地扩展了 ZigBee 网络的规模和覆盖范围，同时也提高了网络的可靠性和灵活性。网状拓扑的问题在于其大规模和动态性增加了网络管理和路由选择的复杂度。

树形拓扑也称为簇状拓扑，是星形拓扑的扩展，如图 3-3-1（c）所示。树形拓扑由多个星形拓扑按层次递归组建而成，它可以突破星形拓扑在网络规模上的限制。但随着网络规模的扩大，树形拓扑的灵活性和可靠性降低，因此限制了该拓扑在实际工程中的推广应用。

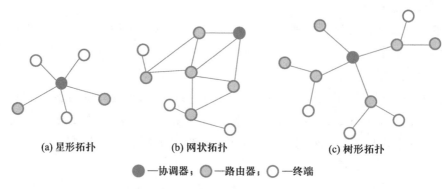

(a) 星形拓扑　　　　(b) 网状拓扑　　　　(c) 树形拓扑

●—协调器；　◎—路由器；　○—终端

图 3-3-1　ZigBee 技术的网络拓扑结构

（2）组网过程

ZigBee 网络的组建可以分为两个过程：网络初始化和成员节点加入网络。

ZigBee 网络的建立是由协调器发起的。当 FFD 设备希望启动新 ZigBee 网络时，首先会主动扫描周围区域，通过是否能接收到信标来判断区域内是否存在其他协调器。如果没有，则开始扫描信道，从可用信道中选择一个最优的供新网络使用。接着，FFD 设备确定新网络的网络标识符（PAN ID）。PAN ID 在网络的工作区域内具有唯一性，可由开发人员预先设置，也可以由设备自主选择。最后，该 FFD 成为新网络的协调器并开始广播信标，宣告网络存在，开放应答请求，等待其他节点加入网络。

成员节点在加入网络时会选择周围信号最强的路由器节点（包括协调器）作为父节点，并发出入网请求。如果请求成功，会收到父节点为其分配的 16 位短地址，在以后的网络通信中都使用这个短地址来标识自己，进行数据的接收和发送。虽然每个 ZigBee 设备都具有全球唯一的 64 位长地址，但在网络通信过程中，ZigBee 采用重新分配的 16 位短地址来标识设备，从而节省网络带宽及设备的存储资源。

（3）路由协议

路由协议负责为网络中通信的两个节点选择最优路径来进行数据传输，是影响网络性能的关键组件。ZigBee 网络为了达到低功耗、低成本的设计目标，采用无线自组网按需距离矢量路由（Ad-hoc On-demand Distance Vector routing，AODV）的一种简化版本 AODVjr（AODV Junior）作为其主要的路由协议。AODVjr 具有 AODV 的主要功能，在使用便捷性和节能等方面进行了针对性的优化。在实际使用中，AODVjr 和适用于 ZigBee 树形拓扑的 Cluster tree 路由算法相结合，能够取得良好的效果。

⊗【任务实施】

在智能家居领域，ZigBee 技术一直被认为是目前最适用于智能家居的技术标准。ZigBee 联盟预测在未来几年，每个家庭使用的 ZigBee 设备数目将达到 50～150 个。请查阅资料，画出 ZigBee 家居网络应用示意图。

⊗【学习自测】

试用自己的语言描述 ZigBee 技术的特点。

任务 3.3.2
ZigBee 通信技术的应用

ZigBee 通信技术的应用

⊗【任务引入】

ZigBee 无线通信技术的应用场合很多，主要适用于功耗要求低、数据传输率不高且传输距离不太远的场合。ZigBee 技术最大的优点是节省能量。

⊗【知识准备】

1. ZigBee 技术在无线传感器网络方面的应用

借助无线传感器网络，可以进行生态、海洋、火山、森林火灾等环境的检测，以及桥梁、楼宇等安全的检测等。

（1）军事方面的应用

传感器网络研究最早起源于军事领域。无线传感器网络技术通过飞机撒播、特种炮弹发射等手段，可以将大量便宜的传感器密集地撒布于人员不便于到达的观察区域，如敌方阵地内，收集有用的微观数据，在传感器网络中，即使个别传感器因为遭破坏等原因失效时，传感器网络作为整体仍能完成探测任务。

（2）环境方面的应用

应用于环境监测的传感器网络，一般具有部署简单、便宜、长期不需更换电池、无须派人现场维护的优点。通过密集的节点布置，可以观察到微观的环境因素，为环境研究和环境监测提供了崭新的方法。传感器网络研究在环境监测领域已经有很多的应用实例，包括海岛鸟类生活规律的观测、气象现象的观测和天气预报、森林火警、生物群落的观测等。

（3）医疗卫生方面的应用

通过 ZigBee 技术，形成一个远程健康监控网络。通过在患者身上佩戴一些血压、脉搏、体温等微型无线传感器，以及在诸如病房环境中的人体周围放置一些监视器和警报器，并通过室内的传感器网关，医生可以远程了解这些患者的健康状况，如果出现问题，可以及时做出反应。

2. ZigBee 技术在数字家庭领域的应用

ZigBee 模块可以安装在电视、门禁系统、空调系统和其他家用电器中。通过 ZigBee 终端设备，可以收集各种家庭信息并将其传输到中央控制设备，或者可以使用远程控制模块来实现远程控制的目的，实现智能家居系统的照明、温度、安全、控制等功能，从而实现家庭生活自动化、网络化与智能化。

3. ZigBee 技术在工业领域的应用

通过 ZigBee 网络会自动收集各种信息并将其反馈给系统以进行数据处理和分析，以便于掌握工厂的整体信息，如火灾检测和通知、照明系统检测、生产机器过程控制。ZigBee 网络可以提供相关信息，以实现工业和环境控制的目的。

4. ZigBee 技术在智能交通领域的应用

如果沿着街道、高速公路及其他地方分布式地装有大量 ZigBee 终端设备，你就不必担心会迷路。安装在汽车里的器件将告诉你当前所处位置，正向何处去。全球定位系统（GPS）也能提供类似服务，但是这种新的分布式系统能够向你提供更精确的信息。即使在 GPS 覆盖不到的楼内或隧道内，你也可以使用此系统。从 ZigBee 无线网络系统能够得到比 GPS 更多的信息，如限速要求、街道是单行线还是双行线、前面每条街的交通情况等。使用这种系统可以跟踪公共交通情况，你可以适时地赶上下一班车，而不至于在寒风中或烈日下在车站等上数十分钟。

⚛ **【任务实施】**

在建筑施工现场，特别是工程初期，各种网络布线都尚未完成的情况下，采用无线定位系统的优势变得十分明显，由于系统中的基站及移动标签全部为电池供电的全无线设备，彻底摆脱有线的束缚，可以非常方便快捷地完成整个系统的搭建，并可以随工程进度，方便地增减系统容量。在此系统的基础上，施工单位就可以实时地对施工现场进行监督管理。

运用无线定位技术可有效地解决建筑施工现场的管理问题，强大的无线 Mesh 网络、灵活快捷的布网方式、人性化的管理界面使施工单位能方便地进行人员考勤、统计，并实时进行人员跟踪定位，从而实现施工现场管理的电子化，提高管理效率及监督力度。

通过 ZigBee 无线通信实验，进一步了解 ZigBee 通信技术的应用。

1. 预备问题

① 准备好足够的杜邦线，了解杜邦线的用途和使用方法。

② 准备好接线电路图，按照接线图正确无误地完成接线。

③ 准备好实验记录，记录和观察实验的目的以及实验原理。

④ 记住实验过程中用到的各模块，了解各个模块的作用和用途。

2. 实验仪器

本实验用到的仪器有建筑人工智能物联网实训台（图 3-3-2）、ZigBee 通信模块（一对）（图 3-3-3）、红外避障传感器（图 3-3-4）、电池转 USB 盒（图 3-3-5）。

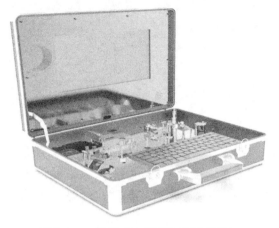

图 3-3-2　建筑人工智能物联网实训台

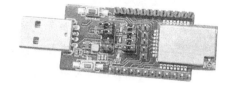

图 3-3-3　ZigBee 通信模块

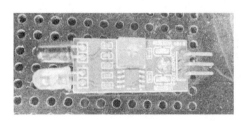

图 3-3-4　红外避障传感器

图 3-3-5　电池转 USB 盒（外部 ZigBee 模块供电）

3. 实验原理

ZigBee 发射端接红外避障传感器，并通过电池盒 USB 供电，接收端 USB 口接实训台，设备开启后可通过 ZigBee 模块进行无线通信，监测红外避障传感器信号，当红外光线照到障碍物上，它会被接收器感应到的障碍物反射回去，从而到检测到前方存在障碍物。ZigBee 实验原理如图 3-3-6 所示。

4. 注意事项

按照实验步骤完成操作。

5. 实验步骤

① 硬件设备启动及软件环境准备。

② 传感器通过 ZigBee 接入实训台。

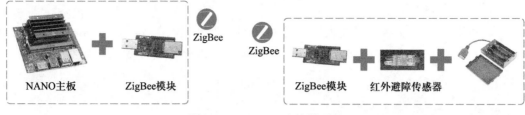

图 3-3-6　ZigBee 实验原理图

③ 连接传感器并读取传感器数据。

④ 效果展示。

⊛【学习自测】

　　作为一种低速率的短距离无线通信技术，ZigBee 有其自身的特点，因此有为它量身定做的应用，尽管在某些应用方面可能和其他技术重叠。在智慧工地应用中，ZigBee 技术多用于施工场地智能检测设备数据读取，如读取水表、电表数据等。请查阅资料，结合具体应用画出 ZigBee 智慧工地系统图。

习题与思考

一、填空题

1. 一个协调器可控制的网络能包含_____个设备，如果采用层次结构，ZigBee 技术的网络理论上最多能容纳_____个设备。

2. _____是 ZigBee 协议栈实现的核心层次，_____是 ZigBee 整个协议栈的最高层。

3. ZigBee 技术的网络可以采用 3 种拓扑结构：_____拓扑、_____拓扑和_____拓扑。

二、简答题

1. 简述 ZigBee 技术的优势。
2. 简述 ZigBee 组网过程。

三、讨论题

试分析 ZigBee 无线通信技术的特点，并讨论其适用场景。

项目 3.4
Wi-Fi 通信技术及其应用

[学习目标]

知识目标

1. 掌握 Wi-Fi 的技术特点；
2. 了解 Wi-Fi 无线通信技术的应用。

技能目标

能够描述 Wi-Fi 在智慧工地中的具体应用。

素养目标

1. 通过对 Wi-Fi 技术应用实践的学习，激发创新热情；
2. 能够适应技术变化和变革，具有终身学习的意识。

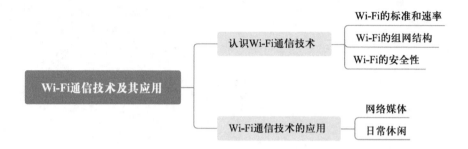

认识 Wi-Fi
通信技术

任务 3.4.1
认识 Wi-Fi 通信技术

【任务引入】

Wi-Fi 是无线保真的缩写，英文全称为 Wireless Fidelity，在无线局域网范畴是指"无线兼容性认证"，实质上是一种商业认证，同时也是一种无线联网技术，与蓝牙技术一样，同属于在办公室和家庭中使用的短距离无线技术。

【知识准备】

1. Wi-Fi 的标准和速率

主流的 Wi-Fi 标准是 802.11b（1999）、802.11g（2003）、802.11n（2009）、802.11ac（2013）和 802.11ax（2017）。它们之间是向下兼容的，旧协议的设备可以连接到新协议的 AP 上，新协议的设备也可以连接到旧协议的 AP 上，只是速率会降低。

2. Wi-Fi 的组网结构

Wi-Fi 有两种组网结构：一对多（Infrastructure 模式）和点对点（Ad-hoc 模式，也称为 IBSS 模式）。Wi-Fi 最常用的组网结构是一对多，即一个 AP（接入点）和多个接入设备。无线路由器其实就是路由器 +AP（一对多结构）。Wi-Fi 还可以采用点对点结构，例如，两个笔记本可以不经过无线路由器用 Wi-Fi 直接连接起来。

3. Wi-Fi 的安全性

常用的 Wi-Fi 加密方式有 WEP、WPA、WPA2。目前 WPA2 是业界认为最安全的加密方式。WEP 安全性太差，已基本上被淘汰了。WPA 加密是 WEP 加密的改进版，包含两种方式：预共享密钥（PSK）和 Radius 密钥。其中，预共享密钥（PSK）有两种密码方式：TKIP 和 AES。相比 TKIP，AES 具有更好的安全系数。WPA2 加密是 WPA

加密的升级版，建议优先选用 WPA2–PSK AES 模式。WPA/WPA2 加 Radius 密钥是一种最安全的加密类型，不过由于此加密类型需要安装 Radius 服务器，一般用户不容易用到。

【任务实施】

请查阅资料，了解现在常用的全屋 Wi-Fi 组网方式及各自优劣势。

【学习自测】

试用自己的语言简述 Wi-Fi 的优缺点。

任务 3.4.2
Wi-Fi 通信技术的应用

Wi-Fi 通信
技术的应用

【任务引入】

同蓝牙技术相比，Wi-Fi 具备更高的传输速率，更远的传播距离，已经广泛应用于笔记本、手机、汽车等广大领域中。

【知识准备】

1. 网络媒体

由于无线网络的频段在世界范围内是不需任何电信运营执照的，因此 WLAN（无线局域网）无线设备提供了一个世界范围内可以使用的，费用极其低廉且数据带宽极高的无线空中接口。用户可以在 Wi-Fi 覆盖区域内快速浏览网页，随时随地接听拨打电话。有了 Wi-Fi 功能，打长途电话（包括国际长途）、浏览网页、收发电子邮件、音乐下载、数码照片传递等，无须再担心速度慢和花费高的问题。

2. 日常休闲

无线网络的覆盖范围在国内越来越广泛，宾馆、住宅区、飞机场及咖啡厅等区域都有 Wi-Fi 接口。只要在机场、车站、咖啡店、图书馆等人员较密集的地方设置"热点"，并通过高速线路将因特网接入上述场所，这样，由"热点"所发射出的电波可以到达距接入点半径数十米至百米的地方，用户只要将支持 Wi-Fi 的笔记本电脑、手机等拿到该区域内，即可高速接入因特网。

【任务实施】

建筑工地环境复杂，建筑企业日常办公所需的网络环境较难达到有效覆盖，信息化办公存在一定难度。Wi-Fi 技术可以为工地管理人员提供日常办公的上网服务，为建筑企业提供日常办公的信息化手段，提高企业管理效率，降低企业管理费用。请查阅资料，了解如何用 Wi-Fi 技术解决以上问题。

⚛ 【学习自测】

请查阅资料，了解 Wi-Fi 的覆盖场景。

习题与思考

一、填空题

1. Wi-Fi 有两种组网结构：_____（Infrastructure 模式）和_____（Ad-hoc 模式，也叫 IBSS 模式）。

2. 两个笔记本可以不经过_____用_____直接连接起来。

二、简答题

常用的 Wi-Fi 加密方式有哪些？它们之间有何区别？

三、讨论题

分析 Wi-Fi 无线通信技术的特点，并讨论其适用场景。

项目 3.5
移动通信技术及其应用

[学习目标]

知识目标

1. 了解移动通信系统标准化研究过程；
2. 了解 5G 系统的新需求及标准化工作。

技能目标

能够描述 5G 系统的新场景、新技术和新应用。

素养目标

1. 通过对 5G 技术应用实践的学习，激发创新热情；
2. 能够适应技术变化和变革，具有终身学习的意识。

[思维导图]

认识移动通
信技术

任务 3.5.1
认识移动通信技术

【任务引入】

移动通信系统从第一代到第四代，每一次技术的更新换代都带来了通信方式的改变。5G 系统不仅将改变通信的方式，还将改变通信的范畴。到 4G 系统为止，服务的都是人的需求，完成的是人与人之间的通信。随着物联网技术、工业自动化技术和无人驾驶技术的发展，5G 系统必将适应更广泛存在的通信需求，将促进当今社会更快地向智能化方向发展，使当今社会在数据密集化和智能化的发展中产生巨大的蜕变。

【知识准备】

1. 移动通信系统标准化

第三代合作伙伴计划（3rd Generation Partnership Project，3GPP）的活动是从第一个通信标准 Release 99 的研究和制定开始的，其任务是为通信系统制定全球适用的技术规范和技术报告。当然，每一个通信标准的制定都不是一蹴而就的，技术的发展在螺旋式上升，标准规范的更替也跟随需求的变换而逐步提升。从第三代移动通信系统的 Release 99 到第五代移动通信系统最新的 Release 17，新的移动通信技术层出不穷。

写信有固定的格式，如人称、落款等；信封也有固定的格式，如收信人和寄信人信息的位置不能写错等。通信的过程也是一样，每一个移动通信系统都会有自己的标准，也可以称为规范，用以定义通信过程中的语句格式。例如，有的设备可以接入无线局域网，却无法连入 4G 系统，这是因为在这个设备中缺少支持 4G 系统的芯片。不仅如此，当同一体系内的网络向前演进时，较老的版本将不能支持新版本的一些功能，如果一部手机只能支持 4G 的标准，那么它就无法接入 5G 的网络。

2. 5G 通信

5G 即第五代移动通信系统，可以为用户提供 Gbit/s 级的传输速率，峰值速率可以达到 10 Gbit/s，是目前 4G 系统的数百倍。5G 系统采用了一系列新的关键技术，主要包括大规模天线技术、异构超密集组网技术、新型多址技术、全频谱接入技术和新型网络架构等，可以支持低延时、高可靠的通信需求，还可以为移动物联网提供海量的无线接入。

◎【任务实施】

请查阅资料，比较 5G 与 4G 的性能差异。

◎【学习自测】

试用自己的语言简述 5G 新技术。

任务 3.5.2
移动通信技术的应用

移动通信技术的应用

◎【任务引入】

除了传统无线通信系统传输速率的要求之外，5G 系统需要面临更复杂、更多样的通信环境，不但有如语音、视频等高速率的通信需求，还有车联网、智能工业、物联网等新应用的新需求。

◎【知识准备】

国际标准化组织 3GPP 定义了 5G 系统的增强型移动宽带（enhanced Mobile BroadBand，eMBB）业务、海量机器类通信（massive Machine Type Communication，mMTC）业务和高可靠低延时连接（uRLLC）业务三大应用场景，并从吞吐率、延时、连接密度和频谱效率提升等 8 个维度定义了对 5G 系统的能力要求。

1. 增强型移动宽带业务

增强型移动宽带业务在现有宽带通信网络的基础上，为用户提供高速率的数据传输和大流量的移动业务。这也就意味着，在 5G 系统的覆盖下，用户将获得更高速的上行、下行数据传输。

eMBB 场景主要面向三维视频、超高清视频等大流量移动宽带业务。例如，当峰值速率达到 10 Gbit/s 时，下载一部 4 GB 大小的电影最快只需要 4 s。

增强型移动宽带是当前移动宽带业务的延伸，提供多用途的通信服务，并支持需要高速率的新应用，以提供覆盖范围内一致的用户体验为目标，需要达到吉比特每秒级别的高速率数据传输，并保证较低的接入延时。

实现增强型移动宽带的重要方案包括引入新的频谱资源、采用新的频谱接入方式、提高频谱的利用率、增加网络的密度、采用异构的组网方式及提升系统的可靠性等。

为了满足大流量的要求，系统需要获得更多的频谱资源和采用更为灵活有效的频谱技术。如今，低频部分的频带资源已相当紧缺，6 GHz以上频段更有可能提供连续的宽频段。毫米波频段可以提供连续的大带宽，对于增强型移动宽带场景非常重要。但毫米波频段的信号在空间传输中要经历更为严重的路径损耗，如何采用合理的大规模天线技术，利用波束赋形提升传输的有效性和覆盖范围就是亟待解决的问题之一。5G系统将采用多频段联合的方式，结合专有频谱的接入，保证网络覆盖的有效性和服务质量的可靠性。

为了提升频谱利用率，多天线技术在5G系统中将被继续采用。多天线技术既可以通过提升频谱效率改善覆盖范围内的数据传输速率，又可以提升覆盖能力。

在增强型移动宽带场景下，网络的部署密度将有所增加。随着网络密度的增加，单个小区内激活的用户数会随之下降，为了保证通信效率，异构的通信组网方式将被引入。在用户的移动性管理方面，干扰识别和干扰抑制技术、移动性预测技术及切换优化技术都可以进一步提升增强型移动宽带场景下的系统性能。

2. 高可靠低延时连接业务

5G系统不仅需要为人与人之间提供通信服务，还将面对众多物物相连的场景。例如，车联网系统就是物物相连的典型应用之一。

车联网是由车辆位置、行进速度和道路条件等信息构成的巨大交互网络。传统的车联网系统主要通过装载在车辆上的电子标签完成信息的交互，获得车辆和道路的相关信息。随着车联网技术的发展，传统获取数据的方式已经不能满足车联网系统智能化的要求。根据车联网产业技术创新战略联盟的定义，车联网是以车内网、车际网和车载移动互联网为基础，按照约定的通信协议和数据交互标准，在车-X（X表示车、路、行人及互联网等）之间进行无线通信和信息交换的庞大网络，是能够实现智能化交通管理、智能动态信息服务和车辆智能化控制的一体化网络。对于车联网系统而言，安全性要求极高，高可靠、低延时是通信网络必须具备的重要特性。在这样一个智能的网络中，安全是最重要的因素。而无线通信网络的通信能力对车联网的安全运行起到了至关重要的作用。在这样的网络中，需要高可靠、低延时的数据传输保证车辆的智能控制；而作为车联网信息的发射端、接收端及中继站，消息传递过程必须保证私密性、安全性、可靠性及实时性。

除此之外，工业自动化也需要高可靠、低延时的无线通信。在未来的智慧工厂里，大量机器都安装了无线传感器，这些传感器之间需要相互"交流"信息，这些信息能否准确、实时地到达和反馈，将影响整个流水线的生产效率。如果出现了意料之外的延时或传输错误，则可能会造成工业事故。

在高可靠、低延时场景下，可以通过提高信号的带宽压缩传输的时间，一系列分集技术也可以进一步提升传输的可靠性。另外，专有的频谱或极高的频谱接入权限也是保证可靠性的必要条件。

3. 海量机器类通信业务

物联网是信息时代新兴的重要技术之一，其早期主要通过 RFID 技术或 Wi-Fi、ZigBee、蓝牙等近距离无线通信技术实现无线接入。随着 NB-loT、LoRa 等技术标准的出炉，物联网技术的应用与发展已初具雏形。

大规模物联网业务也是 5G 网络面向的主要应用场景之一。根据 3GPP 的规划，海量机器类通信业务将会规划在 6GHz 以下的频段内，以便为物联网络提供超大数量的无线接入。

海量机器类通信为大量低成本、低能耗的设备提供了有效的连接方式。大范围部署的海量终端可以应用在农业测量、智能家居、智慧城市等各个领域中。相对于增强型移动宽带的场景，海量机器型通信场景下的设备终端只需要进行小流量、不定时的数据通信，因此对于通信带宽和系统延时并没有过高的要求。但是，这些终端设备对功耗的要求较高，频繁的电池充电和更换对于大量终端设备而言是不现实的。事实上，这些终端设备一旦被部署，就很难维护，因此如何实现最低的功率损耗就是系统必须考虑的问题。

海量机器型通信需要良好的覆盖和穿透能力，对带宽的要求相对较低。从覆盖和传播的角度来说，因为海量机器通信场景对频带的需求较低，所以 6GHz 以下的频谱较为适合。

除此之外，海量机器类通信必须足够通用，才能支持未来新的应用。在 5G 系统中提供了直接网络接入、聚合节点接入和短距离点对点接入 3 种不同的海量机器通信方案。

⚙ 【任务实施】

项目施工现场建筑面积广、工区划分多，项目施工区距离办公区路程远，导致现场管理很难实现全方位监测。相比 4G 时代 10 ms 的时延，5G 时代的时延只有 1 ms。利用 5G 技术实现有效监测、管理现场作业成为项目施工管理的不二选择。

伴随我国建筑行业蓬勃发展，政府对建筑行业的信息化转型提出更高要求，期望建筑行业能持续向"绿色建造""智慧建造""工业化建造"不断迈进。伴随 5G 时代到来，5G"大宽带""低延时""广连接"特性可以有效支撑各类智慧化应用落地，为智慧建造发展保驾护航。请查阅资料，了解相较传统的智慧工地，5G 智慧工地有什么优势。

⚙ 【学习自测】

请查阅资料，简述 5G 智慧工地具体有哪些应用场景。

习题与思考

一、填空题

1. _____即第五代移动通信系统，可以为用户提供 Gbit/s 级的传输速率，峰值速率可以达到 10 Gbit/s，是目前 4G 系统的数百倍。
2. 5G 系统采用了一系列新的关键技术，主要包括_____、_____、_____、_____和_____等。

二、简答题

1. 简述 4G 与 5G 的区别。
2. 简述 5G 的三大应用场景。

三、讨论题

1. 试结合生活谈谈对 5G 新应用的看法。
2. 查阅资料，谈谈什么是移动互联网，以及其目标是什么。

模块 **4**
物联网应用规划设计

项目 4.1
劳务管理应用规划

[学习目标]

知识目标

1. 了解建筑工程劳务管理的特点，以及存在的问题；

2. 掌握项目级劳务管理的物联网应用的基本知识；

3. 掌握公司级劳务管理的物联网应用的基本知识。

技能目标

1. 能够根据项目的具体情况策划项目级劳务管理的物联网方案；

2. 能够根据公司的具体要求策划公司级劳务管理的物联网方案。

素养目标

1. 树立爱国、敬业、诚信、友善的社会主义核心价值观；

2. 具备分析问题和解决问题的能力；

3. 具备良好的思想品德和吃苦耐劳的职业素养。

[思维导图]

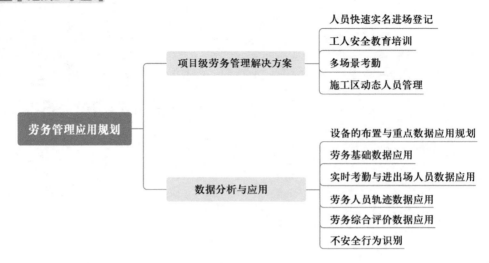

项目级劳务
管理解决方
案

任务 4.1.1
项目级劳务管理解决方案

【任务引入】

智慧工地专员小孙和生产经理发现传统项目劳务管理的问题和纰漏很多，主要集中在人员真实信息记录、安全培训及准入管理、准确的考勤信息记录、施工现场的实时监管等。

小孙认为 BIM+ 智慧工地和物联网设备的管理重点应聚焦在现场动态管理、安全教育培训、考勤管理和人员进场与退场四大业务场景的解决方案，意图克服传统的项目级劳务管理的不足，如图 4-1-1 所示。

【知识准备】

1. 建筑工人实名制

建筑工人实名制是指对建筑企业所招用建筑工人的从业、培训、技能、权益保障等以真实身份信息认证方式进行综合管理的制度，进入施工现场的建筑工人均应纳入建筑工人实名制管理。建筑企业应与招用的进城务工人员依法签订劳动合同，坚持先签订劳动合同后再进场施工。总承包企业是施工现场实名制管理的第一责任人，要配备实名制管理所必需的硬件设施设备。

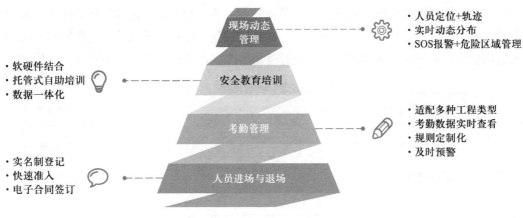

图 4-1-1　项目级劳务管理的四大业务场景

2. 项目级劳务管理存在的问题

随着我国经济市场的运行及建筑行业的发展，以往的施工作业人员逐渐退出了建筑工程劳务队伍，进城务工人员逐渐成为建筑工程劳务队伍的主要力量，并且逐渐形成了单一工种承包模式和包工头整体承包模式，劳务管理对象的变化在一定程度上增加了项目级劳务管理的难度和复杂程度，常见问题如下。

（1）点不清人数

进城务工人员的进出场时间及现场实时务工人数的统计，一直困扰着项目劳务管理工作者，制约着项目部、子公司在施工生产中的劳动力组织。

（2）认不清面孔

部分不法包工头通过收集大量身份证等做法，编造工地进城务工人员数量，办理银行卡，项目部无法掌握在岗进城务工人员是否已领取或足额领取工资。个别管理干部与不法包工头沆瀣一气，贪腐项目资金。

（3）堵不住漏洞

由于缺乏进城务工人员的进出场、用工实时记录，叠加内外多种原因，公司许多项目部进城务工人员的月工资发放名册及金额经常与现场实际用工名册严重不符。

（4）控不住风险

随着社会进城务工人员用工日趋紧张，超龄用工、违规（法）用工的现象时有发生，项目部如何从源头管控用工风险，已是当务之急。

（5）管不住行为

在施工现场，农民工安全教育、技术交底难以动态、全覆盖地开展，培训及评价记录不易保存，核查难度大，项目用工陷入了经常换"新人""生手"的窘境。

⊛【任务实施】

项目级劳务管理系统在作业现场通过无线设备实时采集作业班组考勤数据，并进行无感式上传；项目部通过信息化手段实现劳务工人安全教育、电子档案、电子合同、工资发放的全流程精益管理；企业远程监管项目劳务用工情况，通过信息化手段合理管控并赋能多个项目的运作，形成劳务项企一体管理机制；企业管理人员利用数据与算法形成的洞察力，进行企业大数据库、企业劳务制度部署以及快速决策，如图 4-1-2 所示。

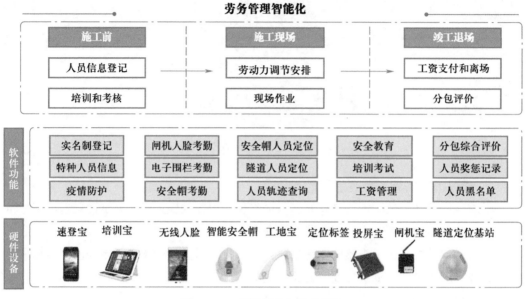

图 4-1-2 项目级劳务管理规划

1. 人员快速实名进场登记

采用速登宝可以随时随地用 15 s 即可快速完成人员移动实名制登记。而且，现场拍照比对通过与公安联网实现人证合一，帮助企业规避问题人员；登记过程中遇到超龄、童工等不合规人员，速登宝会预警提示，从源头将用工风险降至最低，并在系统平台自动生成工人实名制电子档案，便于管理人员随时查找，如图 4-1-3 所示。

图 4-1-3 数字化劳务登记

速登宝是劳务系统里的一个重要设备，主要用于人员信息登记。其特点是：采用随时随地的移动登记方式，非常方便；登记速度非常快；一机同时具有身份证扫描录入、授权 IC 卡、拍人脸照片、绑安全帽编号等多种功能；自动拦截黑名单、不良记录等异常人员，防范用工风险；支持人员信息与公安系统联网对比，确保人证合一。

准入的信息汇总成工人档案卡，档案信息卡包括人员基本信息、合同信息、资格证书、银行账号、体检信息、安全教育信息、工资发放信息、评价信息以及从业记录等。

速登宝支持实行合同电子签名，工人通过手机快速认证、确认，能够有效防止人员代签的问题，多场景应用可提高企业的工作效率。

2. 工人安全教育培训

工人进场前管控必不可少的就是安全教育环节，未进行三级教育的人员不允许进入现场工作。培训宝通过软硬件高效配合即可实现培训、教育一体化信息管理，可快速完成人员安全教育，降低工人抵触情绪，提升工作效率，如图4-1-4所示。

图 4-1-4　数字化劳务培训

培训现场可快速实现人员的签到、播放课程、自动评分及报表自动导出，同时支持人脸识别有效规避人员代考。海量课程及自定义上传课程试题功能满足不同培训、考试场景，小程序答题可满足百人同时培训需求。培训宝可避免冗长的资料准备、繁杂的现场组织、耗时的训后整理，极大节省了项目人员工作量，使培训执行更客观、过程更省力、结果数据更真实，有效帮助企业或项目实现管控。

3. 多场景考勤

当工人完成安全教育后随即可进行日常进场打卡考勤，面对多场景类型项目需要提供多类型灵活的考勤方案以满足不同项目的需求，房建类项目的人脸闸机均为无线设备，如图4-1-5所示，免安装、远程终端运维，极大减少了以往人脸闸机网线、工控机等多硬件的成本、维修影响人员考勤等问题；支持数据平台多端同步，为日后工资发放、恶意讨薪等问题提供有效凭证。

图 4-1-5　无线人脸识别闸机

通过投屏宝产品，工人进场时管理人员可轻松了解到该工人的实名制登记概况及进出场结果，实现进出场管控，如图4-1-6所示。

图 4-1-6　工人实名制登记概况及进出场结果

通过投屏宝显示，可在项目实名制通道处展现该项目的队伍班组人员详情，以及劳务工人的进出场详情，配合智能安全帽，可看到项目劳务人员的分布状况，实时了解项目作业面情况，管理人员可高效进行劳动力调配。

对于非封闭类如市政等其他项目，可画电子围栏实现人脸识别移动考勤打卡，来解决非封闭项目无法设置围挡管控工人考勤的难题。

4. 施工区动态人员管理

当工人完成登记、教育、考勤后，会进入现场工作，现场人员动态管理一直都是管控的一大难题，管理人员无法随时了解现场人员动态及分布情况。

通过智能安全帽配合工地宝产品，以及蓝牙技术，可将现场人员定位实时数据展示在场布图上，为项目管理人员还原生产情况，可给项目人员调配提供有力支撑。对于个别人员也支持个人轨迹查询，细化现场人员管理。工地宝的自定义语音播报功能也可帮助项目有效降低现场安全风险。

智能安全帽通过画定电子围栏，可实现工人无感考勤，解决工人抵触打卡的现象；GPS技术可实现非封闭现场人员 10 m 范围内精准定位，并在劳务系统中以工区的方式进行展现，管控现场工人更加直观；智能安全帽还支持危险区域、SOS 一键报警功能，SOS 预警提示可同时传送至班组长手机端，联合高德地图定位，便于现场快速实现人员施救，缩短现场人员施救时长，极大降低人员风险。

⚙【学习自测】

试用自己的语言，描述项目级劳务管理中存在的问题，并针对问题制订物联网解决方案。

数据分析与
应用

任务 4.1.2
数据分析与应用

⚛ 【任务引入】

当小孙确定好管理痛点及对应解决问题的物联网设备后，需要对物联网设备的布置、系统产生的数据及其用途进行规划，在实现劳务管理精益化的同时，给相关的管理模块进行赋能，以提升整体管理水平。

⚛ 【知识准备】

1. 劳务分包

劳务分包指施工单位或者专业分包单位（均可作为劳务作业的发包人）将其承包工程的劳务作业发包给劳务分包单位完成的活动。也就是，甲施工单位承揽工程后，自己采购供材，然后另请乙劳务企业负责劳务施工，但现场施工管理工作仍然由甲单位组织。劳务分包是施工行业的普遍做法，在一定法律范围内被允许。但是禁止劳务公司将承揽的劳务分包再转包或者分包给其他的公司；禁止主体工程劳务分包，主体工程的完成具有排他性、不可替代性。

2. 企业级劳务管理解决的问题

（1）做实进城务工人员工资发放

准确掌握分包企业实际用工人员信息和劳务成本，项目部通过系统导出工人考勤表和工资表，劳务班组根据考勤表的考勤发放工资，禁止劳务班组自造工资表，避免包工头以工资之名套走项目资金。

（2）能够及时掌握工人安全教育培训情况

公司应实时掌握工人各种安全教育培训情况，项目部根据进城务工人员信息录入情况及出勤打卡记录，对入场时间短、临时性用工人员及时组织开展入场安全教育，确保培训全覆盖，不留隐患。

（3）为施工生产指挥提供劳动力数据分析

为公司指挥项目施工生产提供决策，通过队伍或班组出勤率，可以识别每个劳务分包在干活的各个工种数量，判断能不能支撑施工进度，会不会因为工人造成工程进度延误，尤其在长假复工阶段，作用显著。公司各级管理人员检查施工现场劳动力布置情况、工时情况，提前准备工资资金，研判劳务班组成本，促进现场管理，实现公司与劳务队伍的双赢。

⊛【任务实施】

1. 设备的布置与重点数据应用规划

（1）设备连接

为了劳务管理，需要在不同阶段配备并使用物联网设备。在进场前使用速登宝录入工人信息，并筛查出问题人员，继而使用培训宝完成三教育；在施工过程中使用人脸闸机记录劳务人员每日考勤情况，利用智能安全帽和工地宝掌握劳务工人工作轨迹，使用视频监控和 AI 算法识别不安全施工行为并及时报警。基于物联网的劳务管理系统图如图 4-1-7 所示。

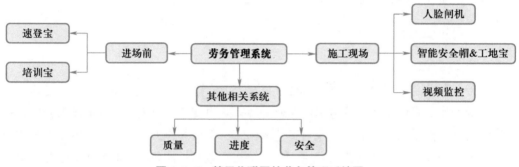

图 4-1-7　基于物联网的劳务管理系统图

（2）数据接通

所打通的劳务数据见表 4-1-1。

表 4-1-1　劳 务 数 据

序号	区域	设备	数据	用途
1	其他区域	速登宝	工人基础信息、工种、所属班组、劳务公司等	1. 基础信息用作基于地域、民族、年龄阶段、工种等综合分析 2. 作为公司的劳务数据资源
2		培训宝	三级教育完成情况及成绩	作为劳务工人的施工现场准备条件
3	项目部大门	人脸闸机	劳务工人每日进出场时间	1. 出勤记录 2. 结合工种等信息做每日出勤人员分析，与生产系统等打通做综合分析
4	施工现场	智能安全帽	劳务人员现场定位	1. 重要工作面劳务人员分布情况 2. 劳务人员轨迹跟踪
5		工地宝		
6		摄像头	现场实时画面、不安全行为抓拍报警	1. 实时监控现场施工情况 2. 不戴安全帽、不穿反光衣、吸烟、聚集等报警并留痕

2. 劳务基础数据应用

当完成劳务人员基础信息录入后，在系统中会自动对其年龄、少数民族、地域、分包单位、工种、执业注册证书进行分布统计，如图4-1-8所示。

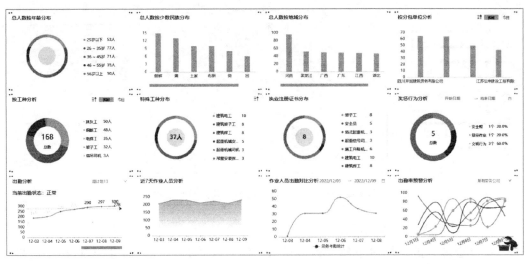

图4-1-8　劳务人员基础信息的分析与应用

3. 实时考勤与进出场人员数据应用

物联网设备获取每日出勤工作人员的实施数量、班组出勤情况、工人流动性分析等，让管理人员可及时了解到施工现场劳务人员的信息，如图4-1-9所示。

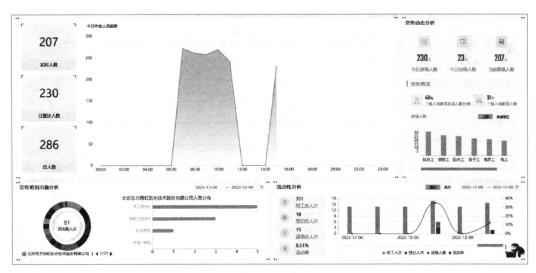

图4-1-9　每日进出场数据分析与应用

4. 劳务人员轨迹数据应用

通过智能安全帽和工地宝的应用，可以追踪劳务人员的工作轨迹，确定在重点工作面是否有充足的劳务工人工作，以此作为判断进度是否正常的重要依据，如图4-1-10所示。

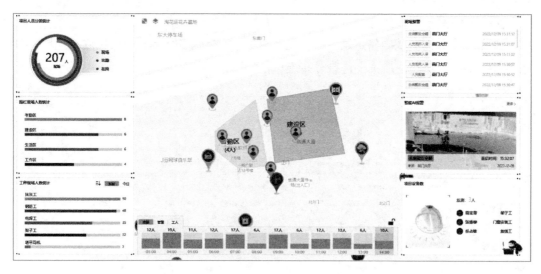

图 4-1-10　劳务人员轨迹信息的分析与应用

5. 劳务综合评价数据应用

项目管理人员定期对下属分包分供进行综合评价排名，但部分项目没有分包分供评价标准，即使有评价标准，也缺少后续公示宣贯的管理动作，起不到横向督促管理作用。项目部认为分包无法达到项目履约要求，分包不能客观认识到自己的管理短板。为了解决这些问题，需要建立更科学、更客观、更量化的分包分供评价体系，如图 4-1-11 所示。

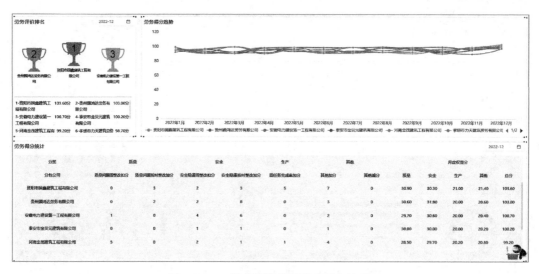

图 4-1-11　劳务评价数据的应用与分析

6. 不安全行为识别

通过十余种算法对视频图像进行识别，自动识别并抓拍现场安全隐患以及人员违规行为，比如未佩戴安全帽、未穿戴反光衣、明火、烟雾、未佩戴口罩、人员聚集等。通过声光报警、系统报警及时将问题反馈给劳务人员、传递给管理人员，同时进行留痕，便于项目部对劳务队伍的处罚取证，如图4-1-12所示。

图 4-1-12　风险预警数据的应用与分析

　　在规划完成后，小孙和生产经理拿着应用规划内容和过往案例找项目经理进行汇报，项目经理认可了管理痛点和解决方案，并且启发小孙思考如何站在企业公司的层级应用这些数据，目标是提升整个企业的管理效率和利润率。

⚛ 【学习自测】

　　试描述企业级劳务管理系统的应用及其主要作用。

一、填空题

1. _____ 劳务公司将承揽到的劳务分包再转包或者分包给其他的公司；_____ 主体工程劳务分包，主体工程的完成具有排他性、不可替代性。

2. 用工评价体系分为_____、_____、_____。

3. 建筑工人实名制是指对建筑企业所招用建筑工人的_____、_____、_____、_____等以真实身份信息认证方式进行综合管理的制度。

4. 项目部通过信息化手段实现劳务工人_____、_____、_____、_____的全流程精益管理。

二、简答题

1. 项目级劳务管理存在的问题是什么？

2. 项目级劳务管理方案中采用的设备有哪些？

3. 公司级劳务管理系统建立分析体系的主要目的是什么？

4. 公司级劳务管理系统在项目级劳务系统的基础上建立了哪些体系？

三、讨论题

1. 根据你的理解，项目级劳务管理方案还有哪些需要优化？

2. 公司的劳务管理系统可以为公司的高层决策提供哪些支持？

项目 4.2
塔机监测应用规划

[学习目标]

知识目标

1. 了解塔机在建筑工程施工中的作用，以及在使用中存在的安全隐患；
2. 学习如何利用物联网设备解决塔机运行的安全问题，并规划设计完整解决方案；
3. 学习利用物联网系统工作过程中产生的业务数据对塔机的安全运行进行管理。

技能目标

1. 能够全面了解塔机安全运行基本要求；
2. 能够策划塔机监测的物联网整体解决方案；
3. 能够连接设备、调试系统、分析数据。

素养目标

1. 能够关注施工中的安全问题，具备安全意识；
2. 具备分析问题和解决问题的能力；
3. 具备良好的思想品德和吃苦耐劳的职业素养。

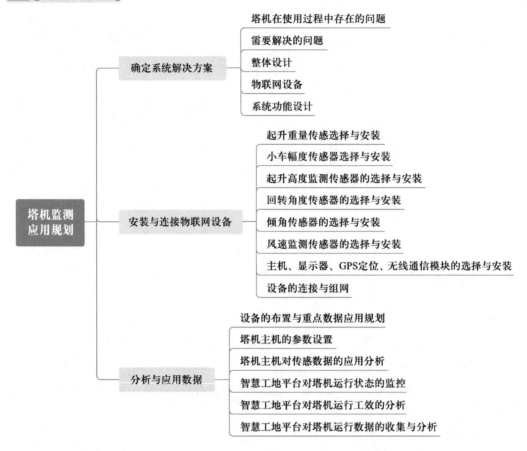

任务 4.2.1
确定系统解决方案

【任务引入】

　　智慧工地专员小孙和安全经理发现传统项目塔机管理的问题和纰漏很多，主要集中在管理人员难以及时获知塔机的实时运行状况，以至于难以对预警、报警做出及时的反馈，因此存在安全隐患。

　　同时从生产经理处小孙得知，塔机的运力与生产进度有密切关系，掌握现场塔机的工作情况对判断进度是否受阻影响很大。两位经理还建议小孙考虑一下如何将安全驾驶和工效直接对应到塔司，以便项目部可以更有针对性地进行管理。

经过跟安全经理和生产经理的讨论，小孙认为 BIM+ 智慧工地和物联网设备的管理重点应聚焦在实时监测、实时报警、工效统计、基础数据留痕四大业务场景的解决方案，意图在提升安全管理效率的同时为生产管理赋能提效。

⚛ 【知识准备】

1. 塔机结构与组成

塔机按各部分功能可分为基础、塔身、顶升套架、回转平台、平衡臂、起重臂、起重小车、塔顶、司机室等部分，如图 4-2-1 所示。

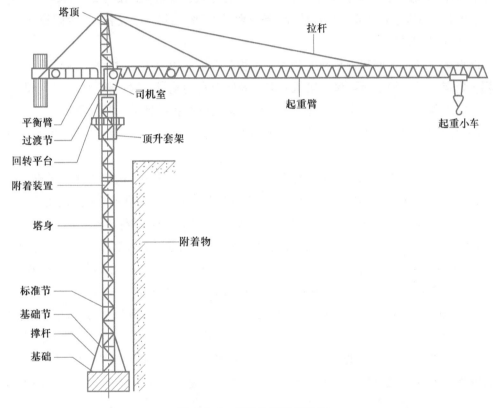

图 4-2-1　塔机的结构与组成

塔机的基础：塔机基础是塔机的根本，它是影响塔机整体稳定性的一个重要因素。塔机整体稳定性是塔机抗倾覆的能力，塔机最大的事故就是倾翻倒塌。

塔机的塔身：塔机塔身的边长一般是 2 m 左右，如 1.7 m、2 m，也有 2.1 m、2.7 m 的，更大的也有 3 m 多的。塔机的高度也不尽相同，一般分为自由高度和附着高度两种。一般自由高度为 50 m 左右，附着高度为 200 m 左右，高的可达 300 m。

塔机的顶升：一般第一次安装时，根据塔机的大小安装时有一个独立高度，这个高度随着房子的升高而减少，当距离小于 10 m 后，塔机吊装开始出现难度。因此塔机必须再次升高（一般塔机是自升式的）到一定的高度，这个过程就叫顶升（因为塔机是用自身的液压设施把标准节一节一节顶升上去的，所以习惯就称为顶升）。

塔机的回转：塔机的回转机构分为下回转和上回转。下回转塔机将回转支承、平衡重、主要机构等均设置在下端。其优点是塔式所受弯矩较少、重心低、稳定性好、安装维修方便；缺点是对回转支承要求较高，安装高度受到限制。上回转塔机将回转支承平衡重、主要机构均设置在上端。其优点是由于塔身不回转，可简化塔身下部结构、顶升加节方便；缺点是当建筑物超过塔身高度时，由于平衡臂的影响，限制塔机的回转，同时重心较高，风压增大，压重增加，使整机总重量增加。

塔机的起升：起升是塔机吊钩垂直升起，起升机构使重物做垂直升降运动。起升高度也称吊钩有效高度，是从塔机基础基准表面（或行走轨道顶面）到吊钩支撑面的垂直距离。为了防止塔机吊钩起升高度过高而损坏设备发生事故，每台塔机上安装有高度限位器。

2. 塔机主要性能参数

起重量：塔机容许起升物料的最大分量称为倾定起重量 G。对幅度可变的塔机，依据幅度划定塔机的额定起重量。塔机的取物安装自身的重量（除吊钩组以外）个别应包含在额定起重量之中，如抓斗、起重电磁铁、挂梁以及各种辅助吊具的重量。

起重力矩：起重量 G 与幅度 L 的乘积称为起重力矩（载荷力矩）。额定起重力矩为额定起重量 G 与幅度 L 的乘积。

起升高度：塔机吊具最高与最低工作位置之间的垂直距离称为塔机的起升范畴 D；塔机吊具的最高工作地位与塔机的水准地平面之间的垂直间隔称为塔机的起升高度 H；塔机吊具的最低工作位置与塔机水准地平面之间的垂直距离称为塔机的降落深度 h。$D=H+h$。当无下降深度的应用场所，起升范畴 D 即是起升高度 H。对起重高度和降低深度的丈量，以吊钩钩腔中央作为侧盆基准点。对其余吊具（如抓斗等）以闭合状态的极低点为基准。

工作速度：额定起升速度（v）是指起升机构电动机在额定转速时取物装置的回升速度（m/min）；塔机（大车）运行速度（v_k）是指大车运行机构电动机在额定转速时塔机的运行速度（m/min）；小车运行速度（v_t）是指小车运行机构电动机在额定转速时小车的运行速度（m/min）；变幅速度（v_r）是指在稳固状态下额定载荷在变幅平面内水平位移的均匀速度，规定为离地平面 10 m 高度处，风速小于 3 m/s 时，塔机在水平面上，幅度从最大值至最小值的平均速度（m/min）；起重伸缩速度是指起重臂伸出（或回缩）时，其尖部沿臂架纵向核心线挪动的速度（a/min）；行驶速度（v）是指在进路行驶状况下，塔机由本身能源驱动的最大运行速度（km/h）；回转速度（n）是指在旋转机构电动机为额定转速时，塔机滚动局部的回转角速度（最大幅度、带额外载荷）（r/min）。

幅度：塔机置于水平场地时，空载吊具垂直中心线至回转中心线之间的水平距离。

起重臂倾角：在起升平面内，起重臂纵向中央线与程度线间的夹角称为起重臂倾角，一般在 25～75° 之间变更。

3. 塔吊使用要满足施工技术和安全要求

塔机在使用过程中应满足以下几点要求。

① 塔机应尽可能地覆盖全部施工面，以满足主体施工阶段的最大需求量。

② 塔机之间的安全距离尽可能满足施工安全技术规范。

③ 塔机大臂在回转过程中尽可能地少重叠或不出现重叠。

④ 塔机应有足够的高度。

⑤ 塔机的选型应能满足施工过程最大起重量的要求。

⑥ 有大臂重叠的塔机时，两个塔机大臂的高度差不能小于 2 m。

⑦ 与紧邻施工单位的塔机有足够的安全距离。

⚛ 【任务实施】

需要对用户进行深入仔细的调研，通过了解目前塔机在运行过程中存在的问题，提出基于物联网的解决方案。

1. 塔机在使用过程中存在的问题

塔机在使用过程中主要依靠司机的操作，常见问题如下。

① 塔机在区域内的碰撞。其主要包括水平方向低位塔机的起重臂与高位塔机塔身之间的碰撞、低位塔机的起重臂与高位塔机起重钢丝绳之间的碰撞、起重臂及下垂钢丝绳同待建结构及脚手架等的碰撞、塔机与现场周边建筑及设施的碰撞。

② 塔机群之间碰撞。如果两台塔机作业区存在交叠交叉，它们各部分存在相互干扰，如果协调不当就有可能发生相互碰撞造成严重后果。

③ 塔机倾翻。塔机高度与底部支承尺寸比值较大，且塔身的重心高、扭矩大、起制动频繁、冲击力大，如果操作不当就会引起塔机倾翻。

④ 塔机超载。不同型号的起重机通常采用起重力矩为主控制，当工作幅度加大或重物超过相应的额定荷载时，重物的倾覆力矩超过它的稳定力矩，就有可能造成塔机倒塌。

⑤ 塔机超时运行。缺少塔机运行过程的工效分析，对塔机的运力和工作饱和度无法准确把握，使塔机长时间工作带来安全隐患。

2. 需要解决的问题

需要对塔机进行多方实时监管，实现区域防碰撞、塔群防碰撞、防倾翻、防超载、实时报警、实时数据无线上传及记录、数据黑匣子等功能。对接智慧工地平台后，可以对塔机运行过程的工效进行分析，帮助项目准确掌握塔机的运力和工作饱和度，为现场管理提供决策依据。

3. 整体设计

塔机监测系统是集互联网技术、传感器技术、嵌入式技术、数据采集及存储技术、数据库技术等为一体的综合性新型仪器，由主机和远程监管平台组成。主机安装在工地现场塔机上，并连接幅度、高度、回转、重量、倾角、风速等传感器和制动控制装置，通过 8 英寸显示屏以数字化方式显示工地现场塔机运行状况；无线网络能把塔机的各种参数实时上传到远程监管平台，便于管理部门及安监机构对塔机进行实时在线监管、安全状况分析、历史数据调取等；一旦塔机操作过程中发生不安全行为，可实现实时预警，提示现场操作人员及管理人员及时补救，以避免事故发生，如图 4-2-2 所示。

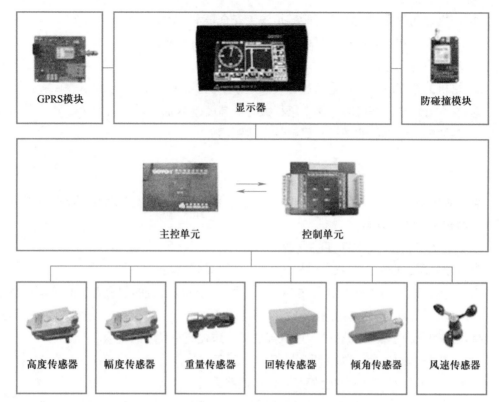

图 4-2-2　塔机监测系统组成

系统由 8 英寸工业显示屏、重量传感器、力矩传感器、风速传感器、转角传感器、倾角传感器、幅度传感器、无线网络等组成。各传感器将探测到的数据通过控制单元发到主机，主机经分析判断后，将信息通过显示器进行显示，通过 GPRS 模块发送到智慧工地平台，在发生碰撞时启动防碰撞模块。

4. 物联网设备

幅度传感器：安装在变幅机构卷筒支架一侧，实时监测塔机小车距塔机中心的距离、参数值、幅度。

高度传感器：安装在起升机构卷筒支架一侧，用万向节连接，实时监测吊钩到地面的高度值、参数值。

回转传感器：安装在塔机回转轮上，实时测量臂杆当前所在的方位。

风速传感器：安装在塔尖处，实时监测塔机运行过程中的风速值，当超过允许的风级后，仪表会告警。

重量传感器：安装在起重臂上悬杆后端，实时监测塔机起重的重物重量。

倾角传感器：可实时测量塔身倾斜的角度，当倾角大于某一临界状态时，能够及时报警，从而有效预防塔机倾翻事故的发生。

工业显示屏：在司机室显示塔机运行过程中各种参数的变化，为司机的操作提供指导。

5. 系统功能设计

状态显示功能：采集塔机操作过程中的各种数据，包括吊重、高度、幅度、运行行程、回转角度、风速等，可以通过 8 英寸显示屏实时查看，并及时提供预警和告警语言播报，为塔机司机提供操作依据。

起重量检测报警功能：采集塔机吊钩所吊物体的重量，在达到设置的预警阈值时，自动发出警示及控制信号。

力矩检测报警功能：实时计算塔机的当前力矩，当达到塔机的性能曲线临界阈值时，自动发出警示及控制信号。

幅度限位功能：检测变幅小车的实时位置，当小车达到内外限位时，自动发出警示及控制信号。

高度限位功能：检测吊钩距离地面的高度，当吊钩达到上限位时，自动发出警示及控制信号。

塔群防碰撞检测报警功能：对群塔作业进行干涉报警，当塔机之间即将发生碰撞时，自动发出报警及控制信号。

区域限制保护功能：限制塔机吊钩进入设置的区域。

风速检测报警功能：检测现场风速的大小。

塔机定位功能：定位塔机的当前位置，并上传至远程监管平台。

远程数据传输功能：实时将塔机的运行状态数据发送至远程监管平台。

故障诊断功能：系统及传感器发生故障时，立即显示并记录故障及发出报警信息，同时切断对应传感器的操作回路并上报监管平台，直至故障解除。

黑匣子记录功能：记录塔机的工作数据，一旦发生事故，便于追溯原因，数据存储时间不少于 30 个连续工作日；工作循环不少于 16 000 条，存储 1 个月的操作记录。

⊛【学习自测】

试用自己的语言，描述塔机在运行过程中存在的安全隐患，并针对安全隐患制订物联网解决方案。

任务 4.2.2
安装与连接物联网设备

安装与连接
物联网设备

⊛【任务引入】

小孙根据选定的物联网设备，开始学习如何安装设备、连接网络、打通数据，为后续获取数据、应用数据、提升管理做准备。

⚛ 【知识准备】

1. 塔机重量传感器原理

对于塔式起重机的称重系统，现阶段大多都采用电阻应变式称重传感器作为其测量元件。电阻应变式称重传感器的基本工作原理：弹性体在外力作用下产生弹性变形，使粘贴在它表面的电阻应变片也随同产生变形，电阻应变片变形后，它的阻值将发生变化，再经相应的测量电路把这一电阻变化转换为电信号（电压或电流），从而完成将外力转换为电信号的过程。

检测电路的功能是把电阻应变片的电阻变化转变为电压信号输出。一般常采用惠斯登电桥作为检测电路，因为惠斯登电桥具有众多优点，如可抑制温度变化的影响、可抑制侧向力的干扰、可方便地解决称重传感器的补偿问题等。另外，为了提高灵敏度和抗干扰，该电桥采用全桥式等臂电桥。

由于检测电路输出的电压均为毫伏电压，为了提高信号的传输距离和抗干扰性，往往需要一种电路将毫伏电压转换为标准的电流信号，具有这种功能的电路被称作变送器。

2. 小车幅度传感器原理

由于塔式起重机的小车变幅幅度是固定的，因此可以选择精密电位计作为该物理量的采样传感器，如图 4-2-3 所示，精密电位计其内部是一个滑动变阻器，在其两端加上一个恒压源，中间的滑动触头的输出电压就与其位移成线性比例关系。又因其体积小，可以直接安装在塔式起重机现有的电气限位器中。

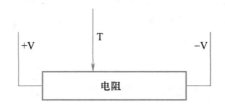

图 4-2-3   以精密点位计作为变幅传感器

3. 起升高度检测原理

起升机构是由原动机、卷筒、钢丝绳、滚轮组和吊钩组成。原动机的旋转运动，通过卷筒 – 钢丝绳 – 滚轮组机构转变为吊钩的垂直上下直线运动。为防止提升卷筒过卷而拉断钢丝绳，塔式起重机设有起升高度限位器，高度限位器和卷筒轴相连，通过计算吊钩最大高度和最小高度时卷筒卷绕的圈数，调整高度限位器凸轮机构，进而达到限位的目标。

4. 回转传感器原理

对于回转角度信息，目前常用的传感器类型是旋转编码器。旋转编码器原理结构示意图如图 4-2-4 所示，其由玻璃或塑料制成的圆盘被分成透明和非透明的区域，一个光源固定在圆盘的一侧，光敏元件固定在另一侧，没有接触就可获得旋转的移动。当圆盘随转轴旋转时，光敏元件交替受到光照，产生交替变换的光电动势，从而形成与转速成比例的脉冲电信号。按照这个原理，如果没有其他功能加入，仅能推论出圆盘在转动，旋转感应或绝对值位置不能被确定。根据编码器的功能原理可以将其分为增量式旋转编码器和绝对值式旋转编码器。

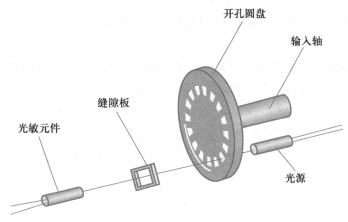

图 4-2-4　旋转编码器原理结构图

（1）增量式旋转编码器

增量式旋转编码器分为光电式、接触式和电磁感应式 3 种。就精度和可靠性来讲，光电式旋转编码器优于其他两种，它的型号是用脉冲转数来区分的，即主轴每转动一圈，增量式编码器提供一定数量的脉冲。周期性地测量一定时间内的脉冲数可以用来测量移动的速度。如果以一个参考点为基准累加其后的脉冲数，计算值就代表了转动角度或行程的参数。双通道编码器输出脉冲之间的相差能使接收脉冲的电子设备接收轴的旋转感应信号，因此可实现双向定位控制。另外，双通道增量型编码器每一圈产生一个称之为零位信号的脉冲。

增量式编码器不动或停电时，依靠计数设备的内部记忆来记住位置。停电后，编码器不能有任何的移动来电工作时，编码器输出脉冲过程中，也不能由于干扰而丢失脉冲，否则计数设备所计算并记忆的零点就会偏移，而且这种偏移的量是无从知道的，只有错误的结果出现后才能知道。解决的方法是增加参考点，编码器每经过参考点，将参考位置修正在计数设备的记忆位置。在参考点以前，是不能保证位置的准确性的。为此，在工控中就有每次操作先找参考点、开机找零等方法。

（2）绝对值式旋转编码器

绝对值式光电编码器是绝对值式旋转编码器中最常见的一种旋转编码器，其原理是在光码盘上刻上许多光通线，每道刻线依次以 2 线、4 线、8 线、16 线编排。这样，在编码器的每一个位置，通过读取每道刻线的通、暗，获得一组从 2^0 到 2^{n-1} 次方的唯一的二进制 BCD 编码或格雷码，这就称为 n 位绝对编码器。这样的编码器是由光电码盘的机械位置决定的，它不受停电干扰的影响。特别是在定位控制应用中，绝对值编码器减轻了电子接收设备的计算任务，从而省去了复杂而又昂贵的输入装置。而且，当设备上电或电源出现故障后再接通电源，不需要回到位置参考点，就可利用当前的位置值。

绝对值式旋转编码器由机械位置决定的每个位置是唯一的，它无须记忆，无须找参考点，而且不用一直计数，什么时候需要知道它的位置，什么时候就去读取它的位置。这样，编码器的抗干扰性、数据的可靠性就可以得到有效提高。

5. 倾角传感器原理

倾角传感器的理论基础是牛顿第二定律：根据基本的物理原理，在一个系统内部，速度是无法测量的，但却可以测量其加速度。如果初速度已知，就可以通过积分算出线速度，进而可以计算出直线位移，所以它其实是运用惯性原理的一种加速度传感器。当倾角传感器静止时，也就是侧面和垂直方向没有加速度作用，那么作用在它上面的只有重力加速度。重力垂直轴与加速度传感器灵敏轴之间的夹角就是倾斜角了。

6. 光电传感器原理

光电传感器是通过把光强度变化转换成电信号变化进而来实现控制的。光电传感器在一般情况下由 3 部分构成，即发送器、接收器和检测电路。当发送器对准目标发射光束，发射的光束通常来源于半导体光源、发光二极管（LED）、激光二极管及红外发射二极管。接收器由光电二极管、光电三极管、光电池三者组成。在接收器的前面装有光学元件，如透镜和光圈等。在发送器、接收器后面是检测电路，它能过滤出有效信号和应用该信号。其工作原理如图 4-2-5 所示。

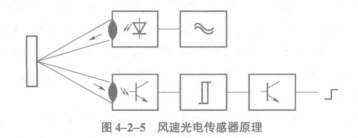

图 4-2-5 风速光电传感器原理

⊗【任务实施】

为了对塔机的运行状况进行实时的监测，需要选择各种传感器并在合适的位置进行安装，组网后把探测数据传入云平台，经分析计算后把相关信息传送给显示器或其他提示装置。塔机的传感器、显示器及联网模块等现场设备的安装如图 4-2-6 所示。

1. 起升重量传感选择与安装

重量传感器要根据塔机的参数进行选择。需要考虑的参数有载荷范围（T）、输出电压（V）、综合误差（%F.S）、线性度（%F）、重复性误差（%F.S）、输出温度影响（%F.S/10 ℃）、防护等级、材质、工作温度范围（℃）等。

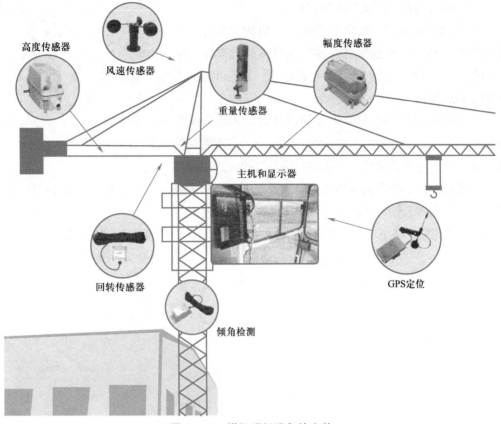

图 4-2-6　塔机现场设备的安装

高度传感器

风速传感器

幅度传感器

重量传感器

主机和显示器

GPS定位

回转传感器

倾角检测

　　塔式起重机通过一组滑轮结构，作用于吊绳上物体的重量被成比例地转换到重量传感器上，从而完成对塔式起重机起吊物体的测量。重量传感器安装位置如图 4-2-7 所示。起升钢丝绳绕过几个定滑轮，在每个定滑轮上会产生一定的合力。

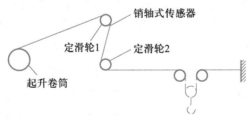

销轴式传感器

定滑轮1

定滑轮2

起升卷筒

图 4-2-7　重量传感器安装位置

　　对最上端的定滑轮 1 进行受力分析，如图 4-2-8 所示，滑轮两侧钢丝绳的张力 F_1、F_2 应相等，$F=F_1=F_2$。两个分力的夹角也相等，即 $\alpha=\alpha_1=\alpha_2$。对滑轮产生的合力 T 由测力传感器测量获得，由受力关系有

$$T=F_1\cos\alpha_1+F_2\cos\alpha_2=2F\cos\alpha \tag{4-2-1}$$

　　设所吊重量为 G，起升倍率为 2，则

$$G=2F=T/\cos\alpha \tag{4-2-2}$$

2. 小车幅度传感器选择与安装

小车幅度传感器一般含有变幅限位机构，又含有精密电位器。传感器在选择时需要根据塔机运行情况主要按照传动比、输出电压（V）、输入电压（V）和防护等级等参数进行选型。

当变幅电机带动小车牵引卷筒转动时，一端收缩钢丝绳拉动小车，另一端放出钢丝绳，变幅小车向收绳端移动。由于牵引卷筒直径已知，通过测量卷筒的转数和转动方向即可计算出小车变幅位移和方向。因此，在小车牵引卷筒处安装同步齿轮，使传感器与卷筒同步回转，进而检测到小车的位置，将小车幅度传感器安装在小车牵引卷筒处较合适，如图4-2-9所示。

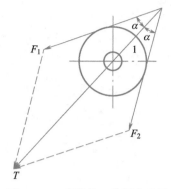

图4-2-8　定滑轮1的受力分析

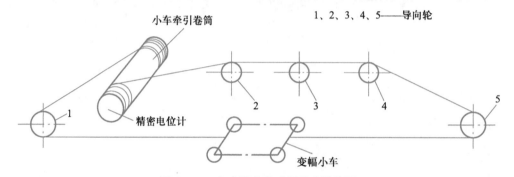

图4-2-9　小车幅度传感器的安装位置

3. 起升高度监测传感器的选择与安装

塔式起重机正常运行状态下，可根据计数电路计算出当前的位移，当塔式起重机停机时，塔式起重机的起重机构处于制动状态，下次开机时可以通过记忆装置读回停机时的状态。随着塔式起重机的高度不断增加，吊钩的垂直工作距离也就越大，因此，在选择传感器时，一般选用多功能精密电位计作为该物理量的采样传感器。其具体参数主要有传动比、输出电压（V）、输入电压（V）和防护等级等。

起升钢丝绳一端固定于塔尖，另一端缠绕在起升卷筒上，当起升电动机带动起升卷筒向不同的方向旋转，通过传动机构和换向轮就变为吊钩的垂直上下直线运动。当重物起降时，钢丝绳带动导向定滑轮转动，因定滑轮直径已知，采用同步齿轮连接起升高度卷筒与高度传感器，根据二者的传动比可以计算出起升高度。因此，可以将起升高度传感器安装在起升机构卷筒处，如图4-2-10所示。

4. 回转角度传感器的选择与安装

根据塔式起重机的操作规程，当塔式起重机停机时，塔式起重机回转机构处于非制动状态，应让吊臂在风载荷作用下自由旋转，以消除因风载荷过大而引起的倒塌事故，但此时所有电器设备均处于停机状态，不能够检测出塔式起重机的回转角度。因此，回转角度传感器应具有初始角度记忆功能，可采用绝对式光电旋转编码器作为转角传感

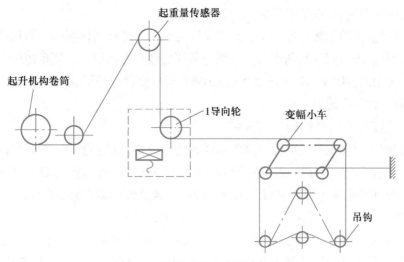

图 4-2-10 起升高度传感器的安装位置

器。由于转角的采集要求分辨率为度,绝对式旋转编码器旋转一周要求输出至少 360 个点数对应 360° 角度,由 $2^8=256$、$2^9=512$ 可知,至少应该选择 9 位的旋转编码器。另外,由于塔式起重机工作环境比较恶劣,所选产品应具有较强的抗干扰能力,主要性能参数有输出电流(mA)、线性分辨率(4 096/ 圈)、连续圈数(圈)、工作温度(℃)、防护等级、允许转速(r/min)和工作电压(V)。

当回转电机运行时,通过传动装置带动小齿轮以及齿圈转动,进而实现塔身的旋转,回转速度取决于大齿圈的转动速度。通常为提高测量精度,一般通过小齿轮转速进行测量。根据小齿轮与大齿圈一定的传动关系就可得到回转速度与塔式起重机角度,如图 4-2-11 所示。

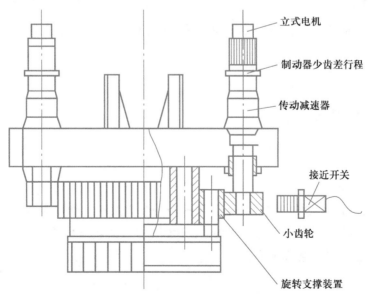

图 4-2-11 回转角度传感器的安装位置

5. 倾角传感器的选择与安装

在塔式起重机防倾翻监控仪中，其中主要的一部分是倾角传感器。倾角传感器的作用在于实时测量塔身倾斜的角度。由于塔身顶端的倾角变化很小，倾角传感器采样频率要在 0.5 ~ 10 Hz 范围内，测量精度高于 0.05°。同时要过滤掉塔顶震动引起的噪声，保证通信可靠、判断准确。

6. 风速监测传感器的选择与安装

风速监测传感器主要是对作业现场的风速进行采集，使系统能根据采样风速的大小对塔式起重机的工作进行控制。该传感器的主要特性参数有测量范围（m/s）、分辨率（m/s）、工作环境温度（℃）和启动风速（m/s），风速传感器安装在塔顶。

7. 主机、显示器、GPS 定位、无线通信模块的选择与安装

主机、显示器安装在塔机的司机室，要选用工业级设备，同时要考虑安装空间问题，在满足需要的前提下选择小型化设备。GPS 定位模块和无线通信模块安装在司机室，与主机相连。

8. 设备的连接与组网

根据各传感器输出变量的不同分别接入控制单位的模拟或数字输入接口，经控制单元分析计算后，将探测数据传输到主机。

为防止塔机周围可能会存在 2.4 G 频段干扰问题，智慧工地平台和每个塔机之间采用 AR9344 方案的 5.8 G 网桥，可很好地避开信号干扰。采用点对点或点对多点的方式进行无线传输。个别有阻挡、不可视的点位，可利用中继模式来解决。塔机的顶部必须安装避雷针，避雷针要有良好的接地装置，以保证雷电及时流入大地。网桥自身需要配备雷电防护功能，确保设备在雷雨天气也能正常运行。

⚛ 【学习自测】

试用自己的语言，描述塔机监控系统现场的主要设备以及这些设备的主要功能。

分析与应用
数据

任务 4.2.3
分析与应用数据

⚛ 【任务引入】

当小孙选择好对应的设备并学习了原理及安装方法后，则需要对物联网设备的布置、系统产生的数据及其用途进行规划，在达到安全管理精益化的同时给相关的管理模块进行赋能，提升整体管理水平。

【知识准备】

塔机监测系统是塔机驾驶过程中的辅助设备，其安装的主要目的是为塔机安全作业进行预警、预防，但并不能替代塔机司机处理危险作业的行为，故作以下特别警示。

① 当塔机监测系统发出语音预警时，塔机司机应高度重视，并立即采取缓速操作、减挡操作、踩刹车或其他安全操作措施，防止塔机在高速运行状态下，无时间应急响应。

② 严禁司机擅自破坏黑匣子监控系统，使其失去预警功能。

③ 由于塔机大臂在高速回转时会产生较大惯性，如出现碰撞预警时，司机务必减速慢行。

④ 保持通信天线的正常连接，以保障网络连通，保护显示屏等易损件，保持设备外部清洁，防止设备进水。

【任务实施】

1. 设备的布置与重点数据应用规划

（1）设备连接

为了塔机安全运行，需要在驾驶室安装人脸 / 指纹识别器，在塔机安装重量传感器、力矩传感器、风速传感器、转角传感器、倾角传感器、幅度传感器、无线网络等。基于物联网的物料管理系统图如图 4-2-12 所示。

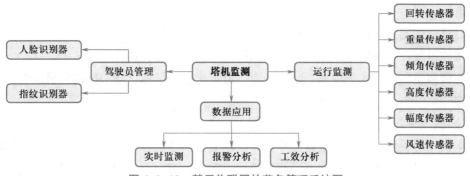

图 4-2-12　基于物联网的劳务管理系统图

（2）数据接通

所打通的数据见表 4-2-1。

表 4-2-1　劳 务 数 据

序号	设备	数据	用途
1	人脸 / 指纹识别器	驾驶者是否为登记在册有资格证书的人员	确保驾驶者为项目登记在册人员，并留下驾驶记录
2	重量传感器	载重	超重报警预警；记录每次吊装的载重情况
3	倾角传感器	X 倾角、Y 倾角	倾角预警报警
4	高度传感器	当前的高度及速度	上下限位报警、超速驾驶报警
5	力矩传感器	当前力矩	力矩报警

2. 塔机主机的参数设置

塔机主机的参数设置主要包括塔机属性信息的设置、传感器标定、限位信息的设置、报警信息的设置等，如图 4-2-13 所示。

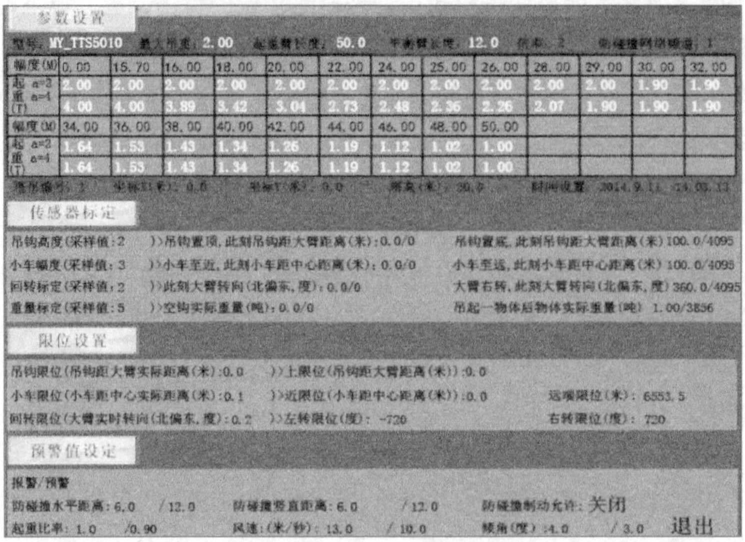

图 4-2-13　塔机主机参数设置

塔机参数设置：对塔机编号、坐标、塔臂长度、塔臂高度、最大吊重、最大力矩、倍率进行设置。

传感器标定：对传感器幅度标定、高度标定、角度标定。

限位设置：对塔机幅度限位、高度限位、角度限位进行设置。

预警值设定：对水平距离、竖直距离、力矩比例、风速、倾斜等的预警报警阈值进行设定。

3. 塔机主机对传感数据的应用分析

塔机主要收集各传感器数据，并在显示器上显示塔机各项运行工况参数，方便塔机操作人员实时了解塔机运行状态，并且通过观察主界面上显示的参数随时调整相应的操作，保证塔机安全工作，如图 4-2-14 所示。

（1）屏幕上面的参数显示

塔机编号：安装本系统塔机在本项目中的编号，同一项目中的所有塔机编号不能相同。

设备编号：本设备的出厂编号，用来绑定后台，该编号是唯一的。

网络：显示系统与后台的连接状态及当前日期和时间，"OK"为网络已连接到后台服务器，"……"为网络未连接到后台服务器。

（2）屏幕中间的塔机防碰撞图形显示

防碰撞传感器附近有几台塔机会有碰撞风险，主机显示屏上的画面就会出现几条线，当线条显示为红色时，右下角会显示红色字样"碰撞报警"，同时系统会发出碰撞报警的提示音。

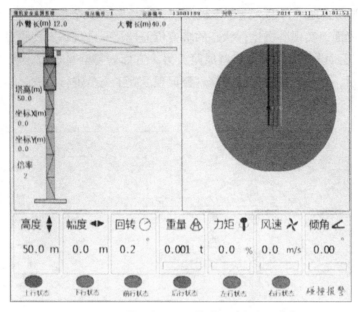

图 4-2-14　塔机主机显示的塔机运行工况参数

（3）屏幕下面的参数显示

高度：指吊钩距离基础平面的实时高度，安装有高度传感器的监控系统同时会对高度进行限位报警，安装有控制功能时会对高度进行限位控制。

幅度：指小车距离标准节中心的实时距离。

回转：塔机大臂实时转向防碰撞组网时进行回转限位。

重量：指塔机当前的实际吊重，当实际吊重达到额定吊重的 90% 时，系统会提示红色字样"超重预警"；当实际吊重达到额定吊重的 100% 时，系统会提示红色字样"超重报警"。

力矩：指实时起重力矩占额定起重力矩的百分比，当塔机起重力矩接近额定载重量时（比如达到额定起重力矩的 90%），系统首先发出超重预警的提示音，同时，显示屏显示塔机实际吊重数值及力矩百分比，并显示相应的红色预警标识；当塔机起重力矩增大接近危险值时（比如达到额定力矩的 100%），系统发出超重报警的提示音，并且在显示屏上显示相应的红色报警标识。

风速：指施工现场当前风速，当风速达到设置的预警值时，下方的运行状态会由绿色变为红色，同时发出报警提示音。

倾角：指塔机塔身倾斜角度，当塔机倾斜度达到设置的预警值时，下方的运行状态会由绿色变为红色，同时发出报警提示音。

4. 智慧工地平台对塔机运行状态的监控

通过智慧工地平台，将物联网技术和 BIM 技术相结合，直观呈现现场塔机运行情况，包括所在位置、在线状态、是否预警等信息，全面体现施工现场物联网技术应用成果，展现项目科学精细化管理过程。

在 BIM+ 智慧工地平台上，结合塔机模型，实时显示多维度的监测数据，并可实时查看吊钩监控画面，实现塔机运行状态的多方位监控；一旦现场发现隐患，一方面在现场语音告警，提示设备操作人员规避风险，另一方面告警信息通过手机 APP 自动推送给项目管理人员，管理人员根据预警信息督促现场施工人员进行整改，避免发生安全事故，如图 4-2-15 所示。

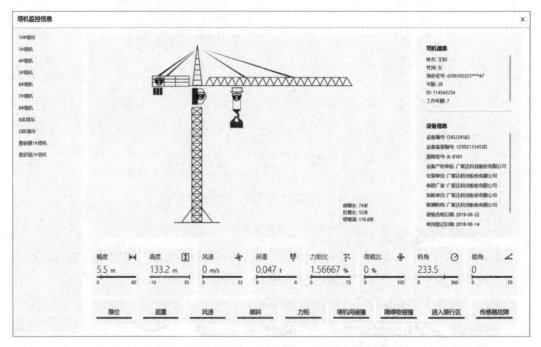

图 4-2-15　智慧工地平台对塔机运行状况的监测

监测的运行数据主要有限位、超重、风速、倾斜、障碍物、传感器故障等多项，一旦检测到风险，自动形成预警记录，以便及时消除安全隐患；通过对多台塔机的监测，实现群塔防碰撞检查，保证运行安全。

5. 智慧工地平台对塔机运行工效的分析

通过工效分析页面，直观查看塔机今日违章数量及监测状态，对当日现场塔机的整体运行情况进行展现，协助项目管理人员掌握塔机日常运行状况，如图 4-2-16 所示。

直观查看选定期间塔司的吊装数量，工作结果透明化，以数据为支撑对塔司工作状况进行客观评价，督促提升本项目塔司的整体工作效率。

通过对本月项目上每台塔机的吊装循环次数统计，体现各台塔机的使用频次及工作饱和度，协助项目管理人员对于当前生产任务安排是否合理、物料堆放地点选择是否正确等问题进行分析判断，保证现场生产效率。

6. 智慧工地平台对塔机运行数据的收集与分析

所有塔机每次的吊装数据都会存储在系统后台，支持按时间、按塔机、按是否违章进行筛选，并支持导出 Excel 文件，积累企业大数据库，如图 4-2-17 所示。

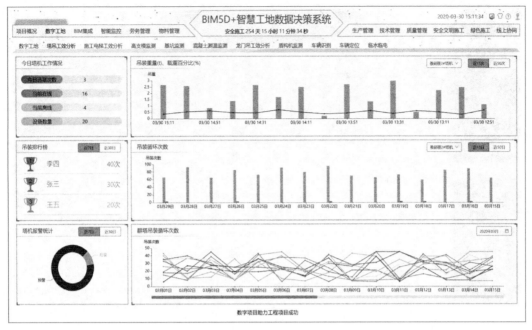

图 4-2-16 智慧工地平台对塔机运行工效分析

图 4-2-17 平台收集的塔机每次的吊装数据

所有塔机的告警数据都会存储在系统后台，支持按时间、按塔机、按告警等级进行筛选，并支持导出 Excel 文件，导出的预警记录可作为进场人员安全教育的资料，深度发掘数据价值，提升管理水平，通过趋势作预判，做到防患于未然，如图 4-2-18 所示。

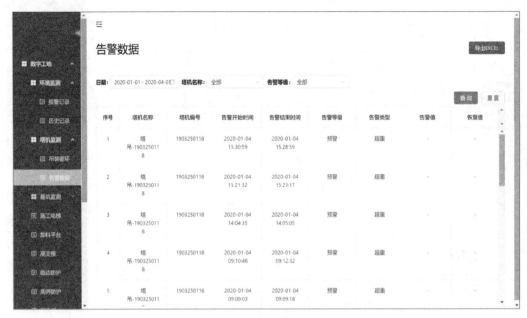

图 4-2-18　平台收集的塔机告警数据

在规划完成后，小孙和安全经理拿着应用规划内容和过往案例找项目经理进行汇报，项目经理认可了管理痛点和解决方案，并且启发小孙思考如何站在企业公司的层级应用这些数据，譬如建立企业级的大型机械数据库、特种司机数据库，如何通过塔机运力、报警等数据反推场地布置是否合理。听着项目经理对 BIM+ 智慧工地和物联网的畅想，小孙又陷入了沉思。

⊛【学习自测】

试描述每个塔机监测系统的主要应用和通过智慧工地平台可以开展的应用。

习题与思考

一、填空题

1. 塔机在建筑施工中主要用于吊运材料，可以是_____，也可以是_____。
2. 塔机按各部分功能可分为_____、_____、_____、_____、_____、平衡臂、起重臂、起重小车、塔顶、司机室、变幅等部分。
3. 增量式旋转编码器分为_____、_____和_____ 3 种。
4. 塔式起重机起升高度监测传感器的具体参数主要有_____、_____、和_____等。
5. 传感器标定主要包括对传感器的_____、_____、_____标定。
6. 智慧工地平台监测的运行数据主要有_____、_____、_____、_____、障碍物、传感器故障等多项，一旦检测到风险，自动形成预警记录，以便及时消除安全隐患。

二、简答题

1. 塔机在使用过程中存在的问题是什么？
2. 塔机监测系统中的传感设备有哪些？
3. 重量传感器在选择时，需要考虑的参数有哪些？
4. 主控中心和每个塔机联网时，应考虑的问题有哪些？
5. 智慧工地平台收集告警数据的主要目的是什么？
6. 智慧工地平台对塔机工效分析的作用是什么？

三、讨论题

1. 根据你的理解，塔机运行安全的方案还有哪些方面需要优化？
2. 根据你的了解，还有哪些设备可以用于对塔机的安全运行进行监测？
3. 塔机的防碰撞功能是否需要智慧工地平台的数据支撑？

项目 4.3
施工升降电梯监测应用规划

[学习目标]

知识目标

1. 学习施工升降电梯管理的全流程，以及管理过程中的痛难点；
2. 学习如何利用物联网设备解决痛难点，并规划设计完整解决方案；
3. 学习利用物联网系统工作过程中产生的业务数据对施工升降机进行精益管理。

技能目标

1. 能够全面理解项目施工升降机管理业务流程；
2. 能够策划物联网施工升降机管理整体解决方案；
3. 能够连接设备、调试系统、分析数据。

素养目标

1. 能够适应行业变化和变革，具备信息化的学习意识；
2. 了解物联网实际应用场景，坚定理想信念；
3. 具备健康心理和良好的身体素质。

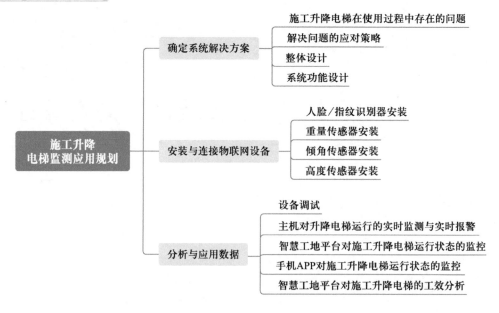

确定系统解决方案

任务 4.3.1
确定系统解决方案

❀【任务引入】

智慧工地专员小孙和安全经理发现传统项目施工升降电梯管理的问题和纰漏很多，如驾驶者无资质导致违规驾驶出现事故；在驾驶过程中驾驶者和管理人员无法及时获取实际运行情况（包括重量、高度、倾斜的预警/报警情况等）；同时难以通过多维度对施工升降机驾驶者进行综合评价。

小孙从生产经理处得知，施工升降电梯的运力与生产进度有着密切关系，掌握现场施工升降电梯的工作情况对判断进度是否受阻关系很大。两位经理还建议小孙考虑一下如何将安全驾驶和工效直接对应到特种司机，以便于项目部可以更有针对性地管理。

经过跟安全经理和生产经理的讨论，小孙认为 BIM+ 智慧工地和物联网设备的管理重点应聚焦在实时监测、实时报警、工效统计、基础数据留痕四大业务场景的解决方案，意图在提升安全管理效率的同时为生产管理赋能提效。

⚛ 【知识准备】

　　施工升降电梯主要包括导轨架、驱动系统、电气系统、安全器座板、防坠安全器、限位装置、吊笼、下电箱、底架护栏、电缆导架、附着装置、电缆臂架和电动起重机等，如图 4-3-1 所示。

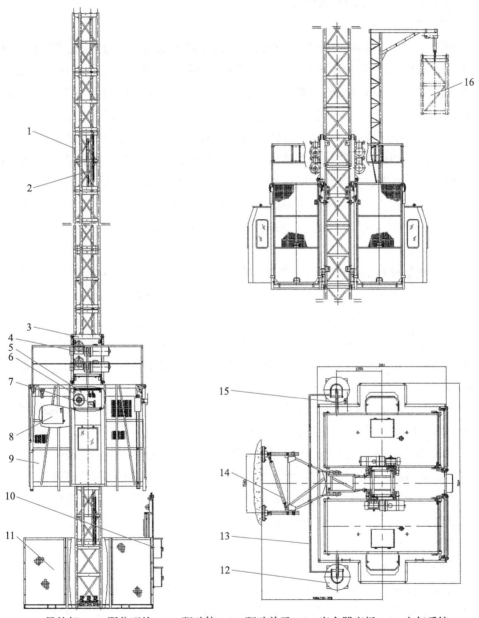

1—导轨架；2—限位碰块；3—驱动体；4—驱动单元；5—安全器座板；6—电气系统；
7—防坠安全器；8—上电箱；9—吊笼；10—下电箱；11—底架护栏；12—电缆卷筒；
13—电缆导架；14—电缆卷筒；15—电缆臂架；16—电动吊杆

图 4-3-1　施工升降电梯的结构与组成

1. 导轨架

导轨架是升降机的运行轨道，由长度为 1 508 mm 的标准节通过连接螺栓 M24×230 连接组成，螺栓预紧力不小于 30 kg·m。标准节由无缝钢管、角钢、钢管等焊接而成，其上装有齿条，通过 3 个内六角螺钉紧固，齿条可拆换。标准节 4 根主弦杆下端焊有止口，齿条下端设有弹簧柱销，以便标准节安装时能准确定位。标准节截面尺寸为 650 mm × 650 mm。导轨架通过附着架与建筑物连接。

2. 驱动系统

驱动系统由动力车架和驱动单元组成。动力车架下端用销轴与吊笼顶部相连，并有两对滚轮贴着两立柱起导向作用。动力车架上端与导轨架两立柱有两对滚轮骑住立柱。动力车架上安装有 2 或 3 组驱动单元。驱动单元是升降机运行的动力部分，该机由 2 或 3 组驱动单元同时工作，共同作用，带动升降机吊笼及其载荷（或施工人员）上下运行。驱动单元由电动机、电磁制动器、弹性联轴器、减速器及传动齿轮等组成。电动机为起重用盘式制动三相异步电机，其制动器电磁铁可随制动盘的磨损实现自动跟踪调整，且制动力矩可调。减速器为平面包络环面蜗杆减速器，具有结构紧凑、承载能力高、机械效率高、使用寿命长、工作平稳等特点。弹性联轴器为挠爪式，两半联轴器间有弹性缓冲块以减轻运行时的冲击和振动。（驱动系统出厂前分左右，安装时需正确配置安装。）

3. 电气系统

电气系统是升降机的机械指挥部分，升降机的所有动作都是由电气系统来指挥的，电气系统包括上电气箱、下电气箱、司机室操纵台及主控制电缆等。

4. 安全器座板及防坠安全器

安全器座板固定于吊笼内侧壁，其上装有防坠安全器。安全器轴上的齿轮与导轨架上的齿条啮合，如果吊笼由于故障而超速下坠时，安全器座板可以承受制停吊笼所产生的冲击力。

当吊笼意外超速下降时，安全器里的离心块克服弹簧拉力，带动制动锥鼓旋转，与其相连的螺杆同时旋进，制动锥鼓与外壳接触逐渐增加摩擦力使齿轮轴停止转动，齿轮与齿条没有相对运动，将吊笼平稳制停在导轨架上，并切断控制电源，确保人员和设备的安全。安全器的动作速度在出厂时已调好并打好铅封，用户不得擅自打开，否则后果自负。防坠安全器起作用后，必须将安全器调整复位后，才能允许开动升降机。安全器的检定周期为两年，当铭牌上的标定日期满两年后，应将安全器送交生产厂家重新检定。

5. 限位装置

限位装置包括上、下行程限位碰块及上、下行程极限碰块。吊笼上、下行程限位碰块保证吊笼运行至上、下指定位置时自动切断电源使升降机停止运行。上、下行程极限碰块用于吊笼在运行至上、下限位后如因限位开关故障而继续运行时立即切断主电源，使吊笼制停，保证吊笼往上运行不冒顶、往下运行不撞底。极限开关为非自复位式，只有通过手动操作才能复位。应经常检查这些碰块和相应开关之间的位置是否准确，以保证各开关动作准确无误。

6. 吊笼

吊笼是用型钢、冲孔板及花纹板等焊接而成的全封闭式结构，顶部设有出口门，供人员上下出入使用，吊笼进口门及出口门均为抽拉门。吊笼上装有电气联锁装置，当笼门开启时吊笼将停止工作，确保吊笼内人员的安全。在吊笼一侧装有司机室，供司机操作时用，全部操作开关均设在司机室内。在吊笼上有 14 个导向滚轮沿导轨架运行。

7. 电缆卷筒

电缆卷筒是用来收放主电缆的部件。当吊笼向上运行时，吊笼带动电缆卷筒内的主电缆向上运行；当吊笼向下运行时，主电缆缓缓收入电缆卷筒内，防止主电缆散落在地上被轧坏发生危险。

8. 电缆臂架

电缆臂架是拖动主电缆上下运行的装置。主电缆由电缆臂架拖动，可以安全地通过电缆护圈，防止电缆被刮伤而发生意外。另外，电缆臂架也可以将主电缆挑出底护栏外，使主电缆可以安全地收入电缆卷筒内。

9. 附着装置

附着装置是导轨架与建筑物之间的连接部件，用以保持升降机导轨架及整体结构的稳定。附着装置有多种型号，客户可根据需要选择其中任一型号。附着装置可在一定范围内调节某些尺寸：沿导轨架高度一般每隔 6～9 m 安装一个附着装置，在最高的一道附着装置以上的导轨架悬出高度不得超过 9 m（100 m 以上不得超过 7.5 m）。

10. 底架

底架四周与地面防护围栏相连接，中央为导轨架底座。它可承受由升降机传递的全部垂直载荷。安装时，底架通过地脚螺栓与升降机的混凝土基础锚固在一起。

11. 防护围栏

防护围栏由角钢、钢板及钢丝编织网焊接而成，将升降机主机部分包围起来，形成一个封闭区域，使升降机工作时人员不得进入该区域。在防护围栏入口处设有护栏门，门上装有机电联锁装置。

⚛ 【任务实施】

需要对用户进行深入仔细的调研，通过了解目前施工升降电梯运行过程中存在的问题，提出基于物联网的解决方案。

1. 施工升降电梯在使用过程中存在的问题

施工升降电梯在使用过程中主要依靠司机的操作，常见问题如下。

① 违规操作主要包括施工电梯操作人员无证上岗、违章违规操作、不良的操作习惯等，从而引发安全问题。

② 安全风险：高空作业判断力低、控制力弱。项目管理人员无法知道施工升降机的载重、轿厢倾斜度、高度、速度等数据，当出现报警/预警等情况时无法及时通知驾驶者。

③ 对于已经发生的违规驾驶无法获知具体数据，难以对驾驶人员进行定向的管理和培训。

④ 难以获知施工升降机的运行次数、载重情况等工效数据，难以判断驾驶者的工作量。

2. 解决问题的应对策略

① 身份识别。司机身份人脸识别，规避非法人员操作。

② 安全预警。对人员、重量、楼层、速度进行监测，一旦出现风险，及时报警。

③ 实时监测。对倾斜度、高度等进行监测。

④ 统计分析。对施工升降电梯的运行情况、载重情况等工效数据进行分析，并对异常情况进行报警。

3. 整体设计

施工升降电梯监测系统是集精密测量、自动控制、无线网络传输等多种技术于一体的电子监测系统，由主机及各类传感器组成，包含载重监测及预警、轿厢倾斜度监测及预警、高度限位监测及预警、门锁状态监测、驾驶员身份认证（人脸、指纹双识别）等功能，并通过 GPRS 模块将监测数据实时上传到远程监控中心，实现远程监管，如图 4-3-2 所示。

图 4-3-2　施工升降电梯监测系统组成

4. 系统功能设计

安装在司机室的主机显示的内容如图 4-3-3 所示。主界面用于显示升降机各项运行工况参数，方便升降电梯操作人员及时了解升降电梯实时运行状态，并且通过观察主界面上显示的参数，随时调整相应的操作，保证升降电梯安全工作。系统具备的功能主要有以下9项。

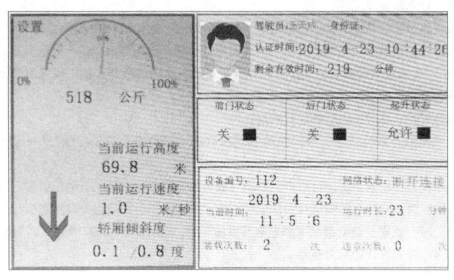

图 4-3-3　主机显示内容

（1）驾驶员身份信息验证

升降机驾驶员通过人脸识别模块进行身份验证。验证通过，人脸识别模块会立即进入待机状态以节约用电。显示屏上会显示驾驶员姓名、身份证号、认证时间（系统默认的一个认证周期为240分钟，可更改）、剩余有效时间。当剩余有效时间进入10分钟倒计时的时候，人脸识别模块会立即启动，以便进行下一次认证。

（2）载重监测及预警

实时显示当前升降机运载重量。当达到额定载重的90%时，会发出预警；当达到额定载重的100%时，会发出报警，并且发出制动信号，阻止继续向上起升，此时起升状态显示为"禁止"，可以向下运行。

（3）轿厢倾斜度监测及预警

实时显示轿厢水平面 X、Y 方向的倾斜度。当倾斜度过大时，系统会发出倾斜警告，语音播报提醒驾驶员需要谨慎驾驶，并上报报警信息到项目部，及时对升降机标准节进行校验。

（4）运行高度监测及预警

实时显示当前起升的高度及运行的速度，向上运行时显示向上的箭头，向下运行时显示向下的箭头。当升降机运行高度超出系统预设的高度时，系统会发出预警及报警的语音提示。在达到限高时，系统会触发制动系统，防止冲顶，此时起升状态会显示为"禁止"，向下运行不受控制。

（5）门锁状态

当任何门锁处于开启状态时，系统的起升状态栏均显示为"禁止"，制动开启，不允许进行起升操作。只有当前、后门锁都处于关闭状态且驾驶员身份识别认证通过，起升状态才显示为"允许"。

（6）升降机装载统计

设备编号：本系统的出厂设备编号，此编号是唯一的，用来绑定后台。

网络状态：网络状态表示的是当前的监测设备是否正在与后台进行数据交互，显示"已连接"代表前端设备与后端平台无线连接正常，显示"断开连接"代表前端设备与后端平台没有连接。

运行时长：系统通电后的运行时间。

装载次数：系统通电后升降机的装载次数（运行时间大于 8 s 才能算一次有效的装载）。

违章次数：记录系统运行后本升降机驾驶员的违章操作次数。当前门或者后门状态为"开启"时，或存在驾驶员身份认证状态为"未认证"时，或起升高度超出"最高起升限高"时，或重量监测超出"额定起升重量"时，起升状态均为"禁止"，驾驶员仍然推动操作杆起升，即视为违章。

（7）制动输出

当主机显示屏的起升状态为"允许"时，内部继电器触点是闭合的，此时推动操作杆起升，升降机可以正常起升；当显示屏的起升状态为"禁止"时，内部继电器是断开的，此时推动操作杆起升，升降机因为起升控制器电路存在一个串联的开关没有闭合，而导致整个起升控制电路断开，而无法启动。只有当前门和后门状态是"关闭"、驾驶员身份认证通过、高度没有超高、重量没有超出额定重量时，系统起升状态才会显示为"允许"。

（8）应急锁功能

在紧急情况下，系统认证的操作员在经过项目主管负责人许可后，才可使用应急锁，开启升降机。应急锁钥匙由项目主管负责人保管。

（9）智慧工地远程监控平台

安装在工地现场的设备通过 GPRS（机器内部配置 SIM 数据流量卡）将数据实时传输到平台服务器。数据传输间隔可通过后台服务器进行配置，一般默认为 20 s 一次，前端设备每 20 s 上传一次设备的运行数据、报警信息等，在每次装载运输结束时，设备会向后台发送一次工作循环数据。

⚛ 【学习自测】

试用自己的语言，描述施工升降电梯运行过程中存在的安全隐患，并针对安全隐患制订物联网解决方案。

任务 4.3.2
安装与连接物联网设备

❀【任务引入】

如果要实时监控升降电梯运行中的高度、重量、倾角等参数，以及通过人脸识别确认司机身份，尽可能规避风险，就必须要安装、配置、调试物联网设备，搭建数据互联的信息网络，并通过对各类设备的调试，实现中心计算机对机器、设备、人员的集中管理、控制，构成自动化操控系统，实现物与物的相连。

小孙根据选定的物联网设备，开始学习如何安装设备、连接网络、打通数据，为后续获取数据、应用数据、提升管理效率做准备。

❀【知识准备】

人脸识别，是基于人的脸部特征信息进行身份识别的一种生物识别技术；是用摄像机或摄像头采集含有人脸的图像或视频流，并自动在图像中检测和跟踪人脸，进而对检测到的人脸进行脸部识别的一系列相关技术，通常也叫作人像识别、面部识别。

人脸识别系统成功的关键在于拥有尖端的核心算法，并使识别结果具有实用化的识别率和识别速度。人脸识别系统集成了人工智能、机器识别、机器学习、模型理论、专家系统、视频图像处理等多种专业技术，同时需结合中间值处理的理论与实践，是生物特征识别的最新应用，其核心技术的实现展现了弱人工智能向强人工智能的转化。

❀【任务实施】

物联网设备的安装与调试过程中需要仔细阅读产品说明书，了解安装要求，同时对现场进行勘察后制订施工方案，最后按规范施工，完成系统调试。

1. 人脸 / 指纹识别器安装

人脸 / 指纹识别器也称面板机，安装在驾驶室内，方便驾驶员识别，如图 4-3-4 所示。其安装步骤如下。

① 安装设备配套的铝合金垫片和橡胶垫片。

② 在施工升降电梯的通道上安装人脸识别终端，在适当的位置开一个直径为 36～38 mm 的孔，以便穿线和固定底座。

③ 将人脸识别终端通过以上打好的孔安装在通道中，并装上另外一块垫片。

④ 取出固定螺丝对人脸识别终端进行固定。

⑤ 调整好人脸识别终端安装角度后拧紧固定螺丝。

⑥ 确认好对应的接口，连接好对应的电源线。

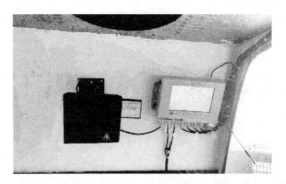

图 4-3-4　人脸 / 指纹识别器安装

⑦ 人脸识别终端安装完毕，进行测试。

2. 重量传感器安装

重量传感器将重量信号转换成电信号经传输电缆输送给控制仪部分，由控制仪部分进行运算处理，完成电梯称重。当电梯轿厢内重量发生变化时，控制仪根据要求可以输出多组继电器触点信号，以及 0 ~ 10 mA 电流信号或 0 ~ 10 V 或 –10 V ~ +10 V 电压信号，超载时控制仪声光报警，为电梯称重以及启动提供精确的数据。

重量传感器可采用桥式应变片传感器，应用平稳安装技术、确保长期稳定运行；重量传感器提供多种安装方式，可以安装于活轿底电梯的轿厢轿底、电梯绳头板处、电梯轿顶轮轴处、电梯轿顶横梁上面等，与控制仪配合使用。

3. 倾角传感器安装

倾角传感器是用一个倾角传感器灵敏器件测量数据，然后通过一系列的变换转化成角度数据。倾角传感器直接磁吸在升降机底部，须保证水平放置，安装时的角度误差会对实验数据有一定的影响，为此要减小安装误差。倾角传感器的选择是在安装前必须解决的问题，倾角传感器受环境的影响大，不同的环境会影响大部分倾角传感器的测量成效，甚至有些倾角传感器在某种环境下是失效的。

施工升降电梯中的倾角传感器为水平安装，在安装时应保持传感器安装面与轿厢水平面平行，同时减少加速度的影响，如图 4-3-5 所示。

一般的倾角传感器都有内置零位调整系统。顾客能够根据要求定制零位调整按钮，从而实现一定的角度置零的功能，即在安装完使用前可以使用零位调整按钮实现清零，方便读取角度，减少不必要的误差。

4. 高度传感器安装

高度传感器安装在升降机顶部，通过齿轮盘与升降机的齿条啮合后，用自攻螺钉将支架固定在升降机顶部，如图 4-3-6 所示。

图 4-3-5　倾角传感器的安装

图 4-3-6 高度传感器的安装

◈【学习自测】

试用自己的语言，描述施工升降电梯监控系统的传感设备的安装与组网方式。

任务 4.3.3
分析与应用数据

分析与应用
数据

◈【任务引入】

当小孙选择好对应的设备并学习了原理及安装方法后，则需要对物联网设备的布置、系统产生的数据及其用途进行规划，在达到安全管理精益化的同时给相关的管理模块赋能，提升整体管理水平。

施工升降电梯监测系统通过人脸识别模块确认司机身份，避免非法人员操作；通过各类传感器，实时监测升降机的载重、轿厢的倾斜度、起升高度、运行速度等参数；一旦监测值超过额定值，一方面现场真人语音报警，提示司机规避风险，另一方面自动推送报警信息给管理人员，及时督促整改；电梯运行数据和报警记录通过 GPRS 模块实时上传到智慧工地平台，实现远程监管，如图 4-3-7 所示。

◈【知识准备】

《施工升降机安全监控系统》（GB/T 37537—2019）是 2020 年 1 月 1 日实施的一项中华人民共和国国家标准，归口于全国升降工作平台标准化技术委员会。

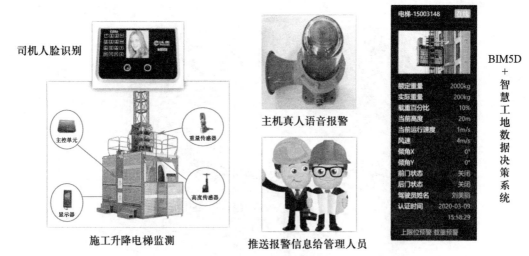

司机人脸识别

主机真人语音报警

推送报警信息给管理人员

施工升降电梯监测

BIM5D + 智慧工地数据决策系统

图 4-3-7　施工升降电梯的应用

《施工升降机安全监控系统》（GB/T 37537—2019）规定了施工升降机安全监控系统的术语和定义、技术要求、试验方法、检验规则、安装、调试与维护。该标准适用于《吊笼有垂直导向的人货两用施工升降机》（GB/T 26557—2021）规定的施工升降机，其他施工升降机可参照使用。

⚛ 【任务实施】

1. 设备调试

（1）设备连接

为了施工升降电梯安全运行，需要在驾驶室安装人脸 / 指纹识别器，并安装重量传感器、倾角传感器、高度传感器和门锁采集线。基于物联网的施工升降电梯监测系统图如图 4-3-8 所示。

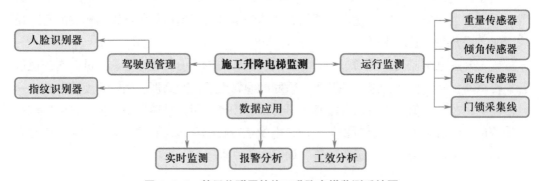

图 4-3-8　基于物联网的施工升降电梯监测系统图

（2）数据接通

所打通的数据见表 4-3-1。

表 4-3-1 数 据 接 通

序号	设备	数据	用途
1	人脸/指纹识别器	驾驶者是否为登记在册有资格证书的人员	确保驾驶者为项目登记在册人员，并留下驾驶记录
2	重量传感器	载重	超重预警/报警；记录每次升降机运行的载重情况
3	倾角传感器	X倾角、Y倾角	倾角预警/报警
4	高度传感器	机箱当前的高度及速度	上下限位报警、超速驾驶报警
5	门锁采集线	前门、后门是否上锁	升降机运行过程中未关门报警

2. 主机对升降电梯运行的实时监测与实时报警

利用传感器实时监测项目施工升降机运行状态，对单独的升降机的限位、载重、速度等进行监测，对于超标数据进行实时报警，如图 4-3-9 所示。

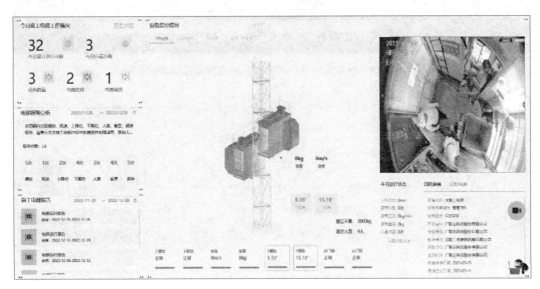

图 4-3-9 实时监测与报警分析

3. 智慧工地平台对施工升降电梯运行状态的监控

通过智慧工地平台，将物联网技术和 BIM 技术相结合，直观呈现现场升降电梯运行情况，包括所在位置、在线状态、是否预警等信息，全面体现施工现场物联网技术应用成果，展现项目科学精细化管理过程，如图 4-3-10 所示。

可以导出施工升降电梯报警、工作运行的基础数据，管理人员可以以此为基础进行其他管理维度的分析，如图 4-3-11 所示。

4. 手机 APP 对施工升降电梯运行状态的监控

管理人员不在工作区时，可以通过手机 APP，远程查看每台设备的实时数据、报警记录、工效分析等信息，随时随地了解现场情况，及时进行远程沟通，实现对项目的管控，如图 4-3-12 所示。

图 4-3-10　智慧工地平台对施工升降电梯运行状态的监控

序号	电梯名称	设备编号	告警开始时间	告警结束时间	告警等级	告警类型	预警临界值	报警临界值	告警值	恢复值	告警照片	恢复照片
1	电梯-531	531	2022-12-28 15:48:52	2022-12-28 15:48:52	报警	风速			4.00m/s	4.00m/s	-	-
2	电梯-531	531	2022-12-28 15:48:52	2022-12-28 15:48:52	报警	风速			4.00m/s	4.00m/s	-	-
3	电梯-531	531	2022-12-28 15:48:52	2022-12-28 15:48:52	报警	下限位			30.00m	30.00m	-	-
4	电梯-KF001	KF001	2022-12-28 15:48:52	2022-12-28 15:48:52	报警	倾斜			X倾角5.00°/Y 倾角3.00°	X倾角5.00°/Y 倾角3.00°	-	-
5	电梯-KF001	KF001	2022-12-28 15:48:52	2022-12-28 15:48:52	报警	上限位			30.00m	30.00m	-	-
6	电梯-KF001	KF001	2022-12-28 15:48:52	2022-12-28 15:48:52	报警	风速			4.00m/s	4.00m/s	-	-

图 4-3-11　施工升降电梯报警基础数据

5. 智慧工地平台对施工升降电梯的工效分析

通过智慧工地平台中的工效分析页面，直观体现施工电梯今日运行情况及当前检测设备在线数量，协助项目管理人员掌握电梯日常运行状况，如图 4-3-13 所示。

对选定时段内的电梯预警/报警数量进行统计，方便项目管理人员对升降电梯的安全运行状况进行判断，并及时采取对应措施消除潜在隐患。项目管理人员通过分析选定时间段内升降次数趋势，对电梯的工作饱和度进行判断，若确实存在问题可及时对现场

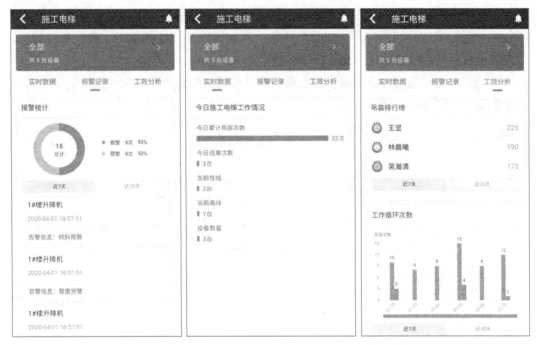

图 4-3-12　手机 APP 对施工升降电梯运行状态的监控

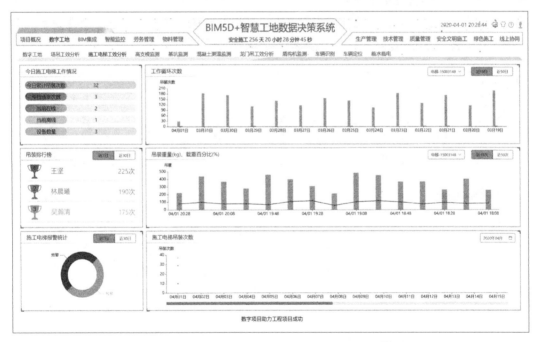

图 4-3-13　智慧工地平台对施工升降电梯的工效分析

施工计划进行优化；并根据违章吊装循环数量，判断电梯运行是否存在安全隐患，及时对电梯司机及相关人员进行安全教育，规避发生严重的安全问题。通过对本月项目上每台电梯的吊装循环次数统计，体现各台电梯的使用频次及工作饱和度。协助项目管理人员对于当前生产任务安排是否合理进行分析判断，保证现场生产效率。通过同一历史时间各电梯运行次数的横向对比，以及过往某一时间段内某一电梯运行次数的竖向对比，合理安排后期材料设备倒运和施工任务的进行。

对规定的时间范围内各类报警的数量，可以根据数据统计定向加强司机安全培训和安全管理，如图 4-3-14 所示。

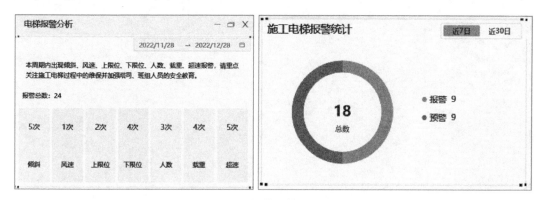

图 4-3-14　报警预警分析与应用

通过对于每次运行数据的统计，可以看到每天施工升降机的工作次数、违规次数，施工升降机每次运行的载重及载重百分比，并且能对比升降机的运行次数。通过这些数据能看到不同工区升降机的工作效率及强度，用以判断该工区的工作进度及驾驶者的工作状况，如图 4-3-15 所示。

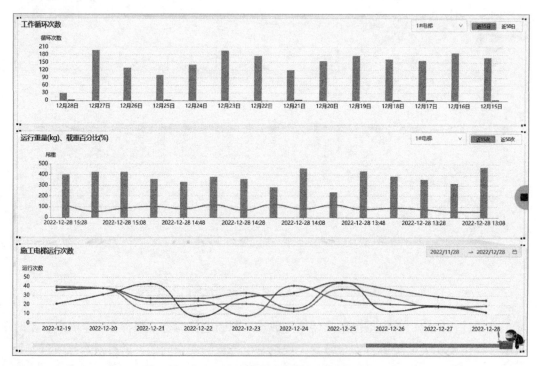

图 4-3-15　工作循环次数的分析与应用

对于升降机整体应用状况及驾驶者的工作进行分析评价，包括升降机（对应驾驶员）的功效分析，以及各个升降机对应的驾驶员的综合报警分析，并根据报警类型对管理培训提出针对性的建议，如图4-3-16所示。

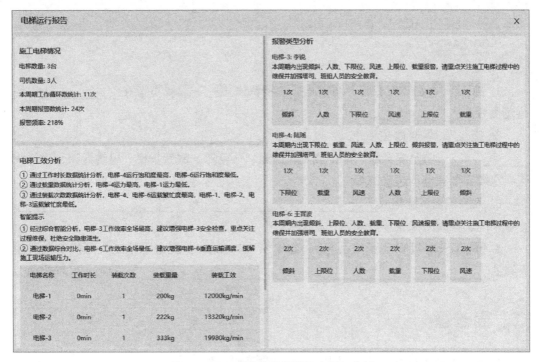

图 4-3-16　对账结算数据的应用与分析

在规划完成后，小孙和安全经理拿着应用规划内容和过往案例找项目经理进行汇报，项目经理认可了管理痛点和解决方案，并且启发小孙思考如何站在企业公司的层级应用这些数据，譬如建立企业级的大型机械数据库、特种司机数据库，并如何通过施工升降电梯运力、报警等数据反推场地布置是否合理。

⊛【学习自测】

试描述每个施工升降电梯监测系统的主要应用和通过智慧工地平台可以开展的应用。

习题与思考

一、填空题

1. 施工升降电梯在工地上通常是配合塔机使用，一般载重量在_____，运行速度为_____。

2. 施工升降电梯主要包括_____、_____、_____、_____、防坠安全器、限位装置、吊笼、下电箱、底架护栏、电缆导架、附着装置、电缆臂架和电动起重机等。

3. 人脸识别系统集成了_____、_____、_____、_____、专家系统、视频图像处理等多种专业技术。

4.《施工升降机安全监控系统》（GB/T 37537—2019）规定了施工升降机安全监控系统的_____、_____、_____、_____、安装、调试与维护。

二、简答题

1. 施工升降电梯在使用过程中存在的问题有哪些？

2. 施工升降电梯监测系统的主要功能有哪些？

3. 施工升降电梯监测系统需要安装哪些传感器？

4. 人脸或指纹识别器的主要作用是什么？

5. 通过智慧工地平台可以对施工升降电梯的哪些参数进行监测？

6. 对施工升降电梯运行工效分析的作用是什么？

三、讨论题

1. 根据你的理解，施工升降电梯的安全监测方案还有哪些方面需要优化？

2. 你觉得施工升降电梯运行数据还有哪些方面可以挖掘？

项目 4.4
卸料平台管理应用规划

[学习目标]

知识目标

1. 学习卸料平台管理的全流程，以及管理过程中的痛难点；

2. 学习如何利用物联网设备解决痛难点，并规划设计完整解决方案；

3. 学习利用物联网系统工作过程中产生的业务数据对卸料平台进行安全管理。

技能目标

1. 能够全面理解项目卸料平台管理要点；

2. 能够策划卸料平台管理解决方案；

3. 能够连接设备、调试系统、分析数据。

素养目标

1. 了解物联网实际应用场景，坚定理想信念；

2. 具备健康心理和良好的身体素质；

3. 具备安全与质量意识，勇于担当的情怀。

[思维导图]

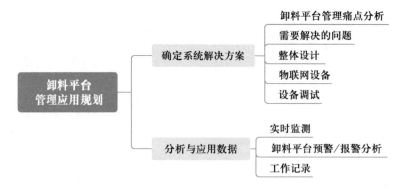

```
                                            卸料平台管理痛点分析
                                            需要解决的问题
                        确定系统解决方案      整体设计
                                            物联网设备
   卸料平台                                  设备调试
   管理应用规划
                                            实时监测
                        分析与应用数据        卸料平台预警/报警分析
                                            工作记录
```

任务 4.4.1
确定系统解决方案

确定系统解决方案

【任务引入】

卸料平台是施工现场常搭设的临时性的操作台和操作架，一般用于材料的周转，如图 4-4-1 所示。

图 4-4-1 卸料平台

在材料转运施工过程中，会有很多危险因素，如超载、倾覆和坠落等。在卸料平台广泛应用的同时，也一直存在着监管难、超载现象严重且不知情等安全隐患。通过查阅文献，整理了近年来 86 起卸料平台施工事故的原因：管理疏忽造成的隐患占到很大比例，如违规指挥、违章作业；责任人疏于检查、验收；高空防护措施管理不严等。其中因为超载造成的事故占 1/3 以上，且 85% 以上的超载事故都造成了 3 人以上死亡，后果严重。

基于上面描述，智慧工地专员小孙和安全经理商讨将管理重点聚焦在实时监测、实时报警、历史数据记录上。

❀【知识准备】

卸料平台制作要点如下。

① 制作卸料平台时需严格依照设计方案开展，不允许应用小规格型号预制构件替代大规格型号预制构件。

② 应用卡环连接钢丝绳时需设定安全性弯，且钢丝绳与水准钢柱的交角在 45～60°。

③ 电焊焊接连接角铁或厚钢板前应将槽钢矫直，不允许弯折和歪曲，若遇弯曲、歪曲或弯折的槽钢，应该马上采用冷拉矫直，不能热处理解决。

④ 卸料平台载重架电焊焊接前应先将承重梁、框架梁、连系梁生产加工成形，经螺钉连接确定准确无误后再电焊焊接，且要在焊接基本冷却后再敲去焊疤。

⑤ 卸料平台进出口孔下须采用符合规定的硬安全防护，且卸料平台须经验收达标后才可交付使用。

❀【任务实施】

1. 卸料平台管理痛点分析

卸料平台管理难以做到实时性，常见痛点如下。

① 当卸料平台出现预警时，管理人员无法及时获知并采取行动。

② 当卸料平台出现报警时，管理人员及附近的施工人员无法及时获知以便撤离。

③ 当发生事故后，难以追溯事故发生的原因。

2. 需要解决的问题

① 实时监测：如何实时获取载重和倾斜的数据？如何在出现预警时第一时间获得通知？如何在出现报警时第一时间获得通知？

② 事后追溯：当发生问题或事故之后如何通过历史数据分析追溯原因？

3. 整体设计

为了实现卸料平台的安全管理，运用物联网技术，通过重力传感器、倾角传感器实时监测，利用声光报警器实时提醒，利用智慧工地系统在 Web 端和 APP 端给管理人员实时提醒，并记录载重数据及报警预警信息，自动采集精准数据；运用数据集成和云计算技术，及时掌握第一手数据，有效积累、保值、增值物料数据资产；运用互联网和大数据技术，多项目数据监测，全维度智能分析；运用移动互联技术，随时随地掌控现场、识别风险，实现零距离集约管控、可视化决策，如图 4-4-2 所示。

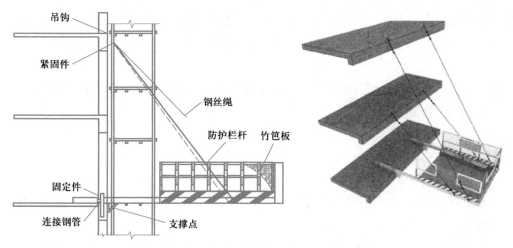

图 4-4-2 基于物联网的卸料平台安全管理方案

4. 物联网设备

卸料平台监测系统由传感器、主机、连接线、锂电池、太阳能板等硬件组成，通过固定在卸料平台钢丝绳上的重量传感器实时采集当前载重数据，当出现超载现象时，现场声光报警，有效预防安全事故的发生。系统还通过 GPRS 模块，将采集到的载重数据实时上传至智慧工地平台，方便管理人员远程掌握现场情况，如图 4-4-3 所示。

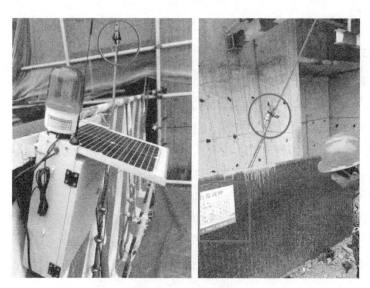

图 4-4-3 重量传感器

（1）主机

主机可采集传感器信号，用于判断平台是否超载，内置太阳能充电锂电池、无线数据发送模块、中央处理器。

（2）重量传感器

重量传感器可实时监测卸料平台载重，并传输数据至主机。

（3）警示灯

警示灯用于声光报警，提醒现场人员注意安全。

5. 设备调试

（1）设备连接

为了实现卸料平台安全管理，需要安装重量传感器、倾角传感器、声光报警器。基于物联网的卸料平台安全管理系统图如图4-4-4所示。

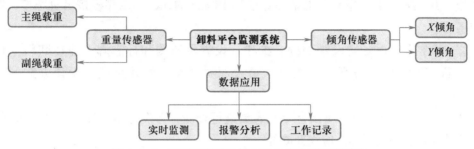

图4-4-4　基于物联网的卸料平台安全管理系统图

（2）数据接通

所打通的数据见表4-4-1。

表4-4-1　数 据 接 通

序号	设备	数据	用途
1	重量传感器	主绳载重、副绳载重	实时载重数据、载重预警/报警判别
2	倾角传感器	X倾角、Y倾角	实时数据记录、倾斜预警/报警判别
3	声光报警器	声光报警	声光报警

❀【学习自测】

试用自己的语言，描述卸料平台安全管理业务流程及痛点，并针对痛点设计对应物联网解决方案，包括设备、数据、数据应用等。

任务 4.4.2
分析与应用数据

分析与应用数据

❀【任务引入】

卸料平台管理主要在于对其主绳、副绳载重的实时监测以及对卸料平台X倾角和Y倾角的实时监测，当出现问题时能及时给管理人员及附近的施工人员报警，使其尽快撤离或停止载重，以避免财物损失和人员伤亡。

当通过物联网收集到上述数据时，小孙思考如何利用 BIM+ 智慧工地平台将零散数据进行聚合，并进行深度加工处理，及时传递给安全员，以提升管理效率。

⚛ 【知识准备】

卸料平台应用管理方法如下。

① 卸料平台安装时要应用塔式起重机将其吊至安装部位处，将其承重墙槽钢贯入至楼板，并在安装部位用冲击电钻钻直径为 18 mm 的孔，再用穿板挤出机螺杆、销钉固定不动。

② 应在施工现场增设维护棚、护栏，设警示监测和标志牌，并在卸料平台上标出允许载荷值，服务平台上工作人员及原材料总质量禁止超出设计方案的允许载荷。

③ 卸料平台应用时，应该有专职人员进行查验，若发觉钢丝绳有生锈、毁坏时，应立即替换；若焊接开焊，应立即修补。

④ 钢丝绳卡扣应采用塑胶包裹或刷漆等维护保养措施，并应清除卸料平台上的废弃物、脏物，且卸料平台禁止堆放原材料。

⑤ 卸料平台的拆卸、挪动工作应按"先搭后拆、后搭先拆"的工艺流程开展，且操作流程中应相互配合，禁止单人开展拆卸较重构件等危险工作，除此之外拆卸的无缝钢管及预制构件须立即搬出卸料平台。

⚛ 【任务实施】

1. 实时监测

利用传感器实时监测卸料平台工作情况及报警/预警状态，如图 4-4-5 所示。

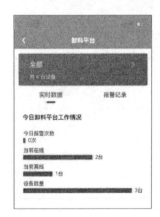

图 4-4-5　实时监测的分析与应用

2. 卸料平台预警/报警分析

当卸料平台出现载重报警或倾斜报警时，会发出声光报警，同时在平台推送预警信息并记录，如图 4-4-6 所示。

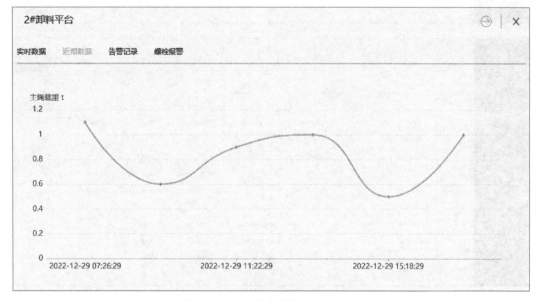

图 4-4-6　预警报警的分析与应用

3. 工作记录

所有卸料平台的告警数据都会存储在系统后台，支持按时间、按设备、按告警等级进行筛选，并支持导出 Excel 文件，导出的预警记录可作为进场人员安全教育的资料，深度发掘数据价值，提升管理水平，通过趋势作预判，做到未雨绸缪，如图 4-4-7 所示。

在规划完成后，小孙和安全经理拿着应用规划内容和过往案例找项目经理进行汇报，项目经理认可了管理痛点和解决方案，并且启发小孙思考如何站在企业公司的层级如何利用基础数据，并且从基础数据层面如何反推卸料平台硬件本身，去思考材料、工艺等问题。

图 4-4-7　基础数据的分析与应用

❀【学习自测】

试描述利用卸料平台安全管理系统根据所收集的数据可以开展的应用。

习题与思考

一、填空题

1. 卸料平台安全管理包括＿＿＿＿＿＿＿＿、＿＿＿＿＿＿＿＿、＿＿＿＿＿＿＿＿、
＿＿＿＿＿＿＿。

2. 物料管理中的物联网设备包括＿＿＿＿＿＿＿、＿＿＿＿＿＿＿、＿＿＿＿＿＿＿。

3. 卸料平台管理主要在于对其＿＿＿＿＿＿＿、＿＿＿＿＿＿＿载重的实时监测以及
对卸料平台＿＿＿＿＿＿＿和＿＿＿＿＿＿＿的实时监测。

二、简答题

1. 基于物联网的卸料平台安全管理系统中重量传感器的主要作用是什么？
2. 基于物理网的卸料平台安全管理系统的主要应用有哪些？

三、讨论题

1. 还有哪些物联网设备可以解决卸料平台安全管理问题？
2. 你觉得在卸料平台的安全管理中还有哪些数据可以应用？

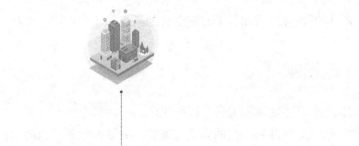

项目 4.5
高支模监测应用规划

[学习目标]

知识目标

1. 学习高支模作业的要求，以及作业过程中的安全问题；

2. 学习如何利用物联网设备解决安全问题，并规划设计完整解决方案；

3. 学习利用物联网系统工作过程中产生的业务数据对高支模作业进行精益管理。

技能目标

1. 能够全面理解高支模作业的流程；

2. 能够策划基于物联网技术高支模监测整体解决方案；

3. 能够连接设备、调试系统、分析数据。

素养目标

1. 具备运用信息化技术解决安全问题的意识；

2. 具备高质量发展的理念，坚定理想信念；

3. 具备健康心理和良好的身体素质。

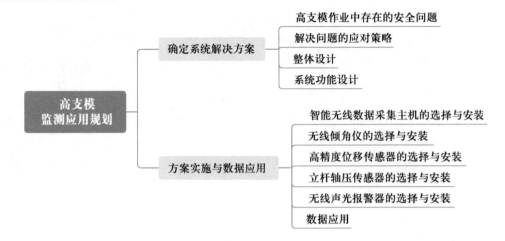

确定系统解决方案

任务 4.5.1
确定系统解决方案

⚙ 【任务引入】

高支模（即高大模板支撑系统）是指支模高度大于或等于 4.5 m 时的支模作业。随着社会经济的发展，建筑工程的规模越来越大，越来越多的工程建设需要采用高支模。高支模的高度从几米到十几米，有的甚至高达几十米。高支模施工作业比较容易发生高处坠落事故，造成人员的伤亡，更为严重的是在施工过程中，如果支模系统发生坍塌，会造成其上作业人员的群死群伤，酿成较大，甚至重大的施工安全事故。基于上面描述，智慧工地专员小孙和安全经理商讨将管理重点聚焦在实时监测、实时报警、变化趋势、历史数据记录上面。

⚙ 【知识准备】

1. 高支模的定义

住建部的建质〔2018〕31 号文《危险性较大的分部分项工程安全管理规定》规定高支模工程定义如下。

① 危险性较大的分部分项工程中混凝土模板支撑工程：搭建高度 5 m 及以上；或搭设跨度 10 m 及以上；或施工总荷载 10 kN/m² 及以上；或集中线荷载 15 kN/m² 及以上；或高度大于支撑水平投影宽度且相对独立无联系构件的混凝土模板支撑工程。

② 超过一定规模的危险性较大的分部分项工程中混凝土模板支撑工程：搭设高度 8 m 及以上；或跨设高度 18 m 及以上；或施工总荷载 15 kN/m² 及以上；或集中线荷载 20 kN/m² 及以上。超过一定规模的危险性较大的分部分项工程需要专家论证。

2. 高支模的预防监控措施

高支模工程施工安全预防监控措施如下。

① 每一项高支模工程，都要选用符合要求的材料，并经专业技术人员针对地基基础和支撑体系进行设计计算，编制施工方案；高度超过 8 m 的高支模，专项施工方案还要经过专家的论证，而且在具体的实施过程中还要严格按照方案进行搭设。

② 高支模作业时，要认真执行施工方案，确保支撑体系稳固可靠。支模作业初步完成后，要进行认真检查验收，确认无误才算完成。支模时，下方不应有人，禁止交叉作业，防止物体打击。

③ 高支模的支撑架体一般采用钢管架体系，由架子工搭设。模板工配合作业时，也要按要求穿工作服，系好袖口与绑腿，系好安全带，戴好安全帽。

④ 支模时要设有稳固的操作平台，上下应设通道，临边和通道都要按规定做好防护。

⑤ 模板上堆放材料应固定其位置，防止大风刮落。而且堆放的材料与设备不能过多和超重。

⑥ 混凝土浇筑中要指派专人对支模体系进行监护，发现异常情况应立即停工，作业人员马上离开现场。险情排除后，经技术责任人检查同意，方可继续施工。

⑦ 密切留意工程所在地的最新天气预报情况，如遇台风、强台风时应加强对高支模的安全检查。

⚛ 【任务实施】

需要对用户进行深入仔细的调研，通过了解目前高支模作业中存在的问题，提出基于物联网的解决方案。

1. 高支模作业中存在的安全问题

高支模在模板拼装、钢筋绑扎、混凝土浇筑的过程中，均会因为卸料、堆放、输送、振捣等违规性大的工作产生不均匀的竖向或横向的荷载破坏，而发生一定的沉降和位移，以及浇筑后一段时间内过早地进行一些工作内容或提前拆除支撑组件而产生失稳隐患，这种人眼不易发现的变化，如果积少成多会出现复合变形，变化过大情况下就可能发生毫无征兆的垮塌、坍塌事故，主要表现在以下几个方面。

① 高危险性。高支模具有高空间、大跨度等特点，事故一旦发生往往会造成较大伤亡事故。

② 高偶然性。高支模坍塌事故具有突发性，往往来不及排查事故即已发生。

③ 监测手段传统。与逐渐健全的高支模施工安全管理规章制度相比，高支模安全监测方法一直停留在传统的光学观测、人工报警的基础上。

④ 事故主要原因。高支模安全事故主要是高支模承载过大或变形过大诱发系统内钢构件失效，发生高支模局部坍塌或整体倾覆，进而造成作业人员伤亡。

2. 解决问题的应对策略

为及时反映高支模支撑系统的变化情况，自动发现隐患、发出预警，让管理人员能及时发现问题、进行整改、调整以及预判，预防此类事故的发生，需要对支撑系统进行自动化、不间断地沉降和位移监测。

3. 整体设计

通过在高支模上加装无线倾角、无线位移、无线压力等传感器，自动采集、实时监测高支模支撑系统的变化情况，当监测到在浇筑过程中发生的高支模的变形、受力状态异常时，一方面现场声光报警，提醒作业人员紧急补救或紧急疏散，另一方面系统向平台和相关负责人发出报警信号，第一时间掌握现场情况，及时进行整改、调整及预判，预防此类事故的发生，如图4-5-1所示。

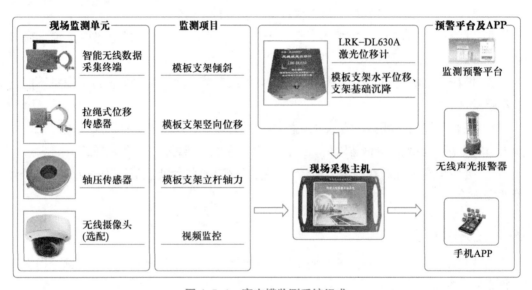

图 4-5-1　高支模监测系统组成

4. 系统功能设计

① 24 小时实时监测，无须人工现场采集数据，提高了工作效率，同时在现场混凝土浇筑时，可提供高频率的采样频次。

② 能够提供给用户精确的监测数据，让用户对被监测部位的整体运行情况有整体了解。

③ 符合工程信息化系统使用要求，严格按照在线监测实施方案规范进行。

④ 采集数据真实、准确；能够完整上传相关工程资料。

⑤ 实现测试数据信息化管理，相关人员可以通过不同权限登入以太网或者利用手机取得现场结构安全数据及安全评估信息。

⑥ 监测结果实时显示发布，定期将监测报表推送给用户。

⑦ 当结构出现异常信息时，系统自动进行预报警，并通过短信方式将信息及时转达给相关管理人员，并提示后台及时对结构当前状态进行安全评估。

⑧ 通过丰富的数据计算结果的对比，可以得出结构的实际状态变化发展趋势，了解结构的安全状况。

⑨ 支持手机、iPad、PC 等不同终端查询方式，真正做到运筹帷幄，掌控千里。

【学习自测】

试用自己的语言，描述高支模系统使用过程中存在的安全隐患，并针对安全隐患制订物联网解决方案。

任务 4.5.2
方案实施与数据应用

方案实施与
数据应用

【任务引入】

运用物联网和云计算技术，实时监测混凝土浇筑过程中高支模的水平位移、模板沉降、立杆轴力、杆件倾角等状态，通过数据分析和判断，预警危险状态，及时排查危险原因，保护工地人员的生命、财产安全。

【知识准备】

对以下高支模关键部位或薄弱部位的模板沉降、立杆轴力和杆件倾角、支架整体水平位移等参数应进行实时监测。

① 能反映高支模体系整体水平位移的部位。

② 跨度较大或截面尺寸较大的现浇梁跨中等荷载较大、模板沉降较大的部位。

③ 跨度较大的现浇混凝土板中部等荷载较大、模板沉降较大的部位。

测点布置：当梁跨度不大于 9 m 时应至少在 1/2 跨位置布置测点；大于 9 m 时应在 1/4、1/2、3/4 跨位置布置测点。每个监测面应布置 1 个支撑沉降、1 个立杆轴力、1 个倾角传感器。

倾斜传感器应布置在立杆高度 2/3 ~ 3/4 高度处；轴力传感器布置在顶托和模板之间；沉降监测布设在模板底部；监测主机应该处于架体外围由专业安全人员监测操作。

【任务实施】

高支模监测系统的实施主要包括设备的选择与安装、系统组网和系统应用等。在高支模监测管理过程中，最重要的是数据实时监测，这就要求选定重要的检测项和监测点位，需要监测的内容主要有立杆倾斜、水平位移、立杆轴力、模板沉降、地基沉降。

1. 智能无线数据采集主机的选择与安装

智能无线数据采集仪主要应用于现场无线采集监测传感器的数据，用于 ZigBee 网络的无线数据采集，并将数据推送到系统数据平台，可现场用于高支模体系的施工安全检测；采集仪内置智能监测软件，最大可采集 90 组传感器，共 270 通道，最高采样频率为 1 Hz（每秒 1 次），用于现场数据采集分析，如图 4-5-2 所示。

智能无线数据采集仪安装在架体外围，不影响数据通信和现场施工的位置。

图 4-5-2　智能无线数据采集主机

2. 无线倾角仪的选择与安装

无线倾角仪主要应用于监测过程中传感器数据的无线采集与传输；可采集模拟信号、电压信号、电流信号，内置高精度倾角仪等，采用 ZigBee 无线传输方式将数据传输到监测主机，精度为 0.5%F.S（Full Scale，满量程）。其采用扣件安装，一般安装在支模板下 2 m 左右或整体架高 2/3 处，如图 4-5-3 所示。

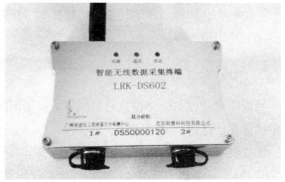

图 4-5-3　无线倾角仪的安装

3. 高精度位移传感器的选择与安装

高精度位移传感器采用电阻式测量方式，量程为 0 ~ 5 mm，精度为 0.1 mm，主要应用在需要测量高精度变形的工程领域；配合智能无线数据采集终端使用，可实现远程变形监控，采用耐腐蚀性好的铝合金外壳，采用扣件或顶针安装于监测点模板底部，如图 4-5-4 所示。

4. 立杆轴压传感器的选择与安装

立杆轴压传感器采用高精度应变桥模块，安装在支架和模板之间，在混凝土浇筑过程中测量立杆轴力，精度为 0.5%F.S；主要用于监测高支模立杆轴力，与采集终端连接，可实现无线采集，如图 4-5-5 所示。

图 4-5-4　高精度位移传感器的安装

图 4-5-5　立杆轴压传感器安装

5. 无线声光报警器的选择与安装

无线声光报警器内置 2.4G 无线数据传输模块，由锂电池供电，通信距离为 100 m，用于现场声光三色报警，如图 4-5-6 所示。

6. 数据应用

通过自动采集、信息传感等技术集成了变形测量、超限报警等功能的新型监测设备，实现了高支模监测数据实时采集、实时传输、实时计算、科学预警、智能报警、协同管理等功能，还原了高支模变形全过程，为施工技术人员提供经验支持，为以后类似施工技术方案提供技术储备，如图 4-5-7 所示。

在规划完成后，小孙和安全经理拿着应用规划内容和过往案例找项目经理进行汇报，项目经理认可了管理痛点和解决方案，并问小孙自己有没有什么想法。小孙根据项目经理之前指导的思路提出可以将监测数据与支撑方式、工艺工法等结合起来分析，构建完整的集数据监测、结构分析、材料分析于一体的管理模型。

图 4-5-6　无线声光报警器

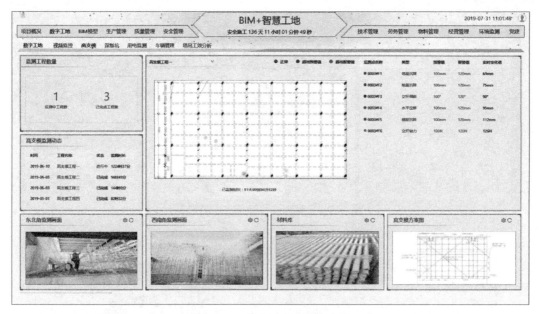

图 4-5-7　高支模监测数据应用

⊛【学习自测】

试用自己的语言，描述高支模监测系统传感设备的安装与数据应用。

习题与思考

一、填空题

1. 高支模支撑系统在_____、_____、_____过程中均会因为卸料、堆放、输送、振捣等违规性大的工作产生不均匀竖向或横向的荷载破坏，发生一定的沉降和位移。

2. 通过在高支模上加装_____、_____、_____等传感器，可自动采集、实时监测高支模支撑系统的变化情况。

3. 测点布置：当跨度不大于 9 m 时应至少在_____跨位置布置测点；大于 9 m 时应在_____、_____、_____跨位置布置测点。

4. 通过自动采集、信息传感等技术集成了变形测量、超限报警等功能的新型监测设备，实现了高支模监测数据_____、_____、_____、_____、智能报警、协同管理等功能。

二、简答题

1. 高支模作业中存在的安全问题是什么？
2. 高支模监测系统的主要功能有哪些？
3. 高支模监测系统需要安装哪些传感器？
4. 高支模监测系统的主要应用有哪些？

三、讨论题

1. 根据你的理解，高支模监测方案还有哪些方面需要优化？
2. 你觉得采用高支模监测系统后，可以在哪些方面提供施工的安全保障？

项目 4.6
基坑监测应用规划

[学习目标]

知识目标

1. 学习基坑作业的要求，以及作业过程中的安全问题；

2. 学习如何利用物联网设备解决基坑作业的安全问题，并规划设计完整解决方案；

3. 学习利用物联网系统工作过程中产生的业务数据对基坑作业进行精益管理。

技能目标

1. 能够全面理解基坑作业的流程；

2. 能够策划基于物联网技术的基坑监测整体解决方案；

3. 能够连接设备、调试系统、分析数据。

素养目标

1. 具备运用信息化技术解决安全问题的意识；

2. 具备分析问题和解决问题的能力；

3. 具备质量意识和精益求精的精神。

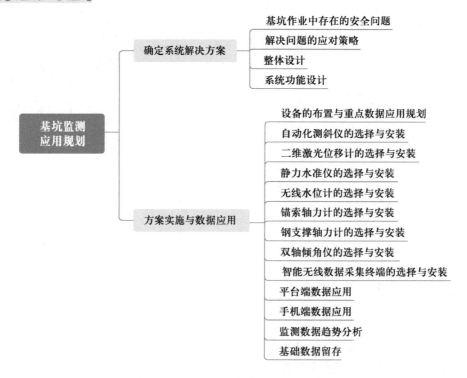

确定系统解决方案

任务 4.6.1
确定系统解决方案

⊛【任务引入】

地下工程和深基坑的修建,不仅影响建筑本身,还会破坏周围的环境。地下工程和深基坑施工不当,可能导致周边道路开裂或坍塌,周边地下管网线路因位移过大而损坏,相邻周边建筑物因不均匀沉降而开裂甚至倒塌等,危及广大市民的生命财产安全。智慧工地专员小孙和安全经理发现传统项目基坑监测的问题和纰漏很多,主要集中在管理人员难以及时获知基坑重点监测项的实时运行状况、数据变化,同时难以对预警、报警做出及时的反馈,更无法利用数据变化情况提前预知预警、报警信息,因此存在安全隐患。

经过跟安全经理的讨论,小孙认为 BIM+ 智慧工地和物联网设备的管理重点应聚焦在实时监测、实时报警、监测数据趋势分析、基础数据留痕四大业务场景的解决方案,力图在解决实时监测的同时加强对历史数据的应用,做到未来预测。

基坑是在基础设计位置按基底标高和基础平面尺寸所开挖的土坑。开挖前应根据地质水文资料，结合现场附近建筑物情况，决定开挖方案，并做好防水、排水工作。开挖不深者可用放边坡的办法，使土坡稳定，其坡度大小按有关施工规定确定。开挖较深及邻近有建筑物者，可用基坑壁支护方法、喷射混凝土护壁方法，大型基坑甚至采用地下连续墙和柱列式钻孔灌注桩连锁等方法，防护外侧土层坍入；对附近建筑无影响者，可用井点法降低地下水位，采用放坡明挖；在寒冷地区可采用天然冷气冻结法开挖等。

⊛【任务实施】

需要对用户进行深入仔细的调研，通过了解目前基坑作业中存在的问题，提出基于物联网的解决方案。

1. 基坑作业中存在的安全问题

基坑作业过程中存在的安全问题主要有以下 3 个。

① 基坑边坡滑移、坑底隆起。土钉墙、锚杆支护的边坡滑移或基坑底部土体隆起（被动区破坏、深层滑动等）。

② 基坑围护支撑失稳。基坑围护的对撑、斜撑等轴力过大失稳。

③ 坑周边土体过大沉降、位移。虽基坑未发生坍塌，但由于降水过大或支护位移过大，造成周边土体过大沉降或位移。

基坑坍塌造成工程桩位移甚至断裂，场内管线断裂；基坑邻近建（构）筑物严重开裂、倾斜甚至倒塌；邻近公用市政设施损坏；周边交通道路开裂、塌陷，致使交通中断；基坑邻近地下管线断裂破损，使电力、通信、供水中断，煤气泄漏等；基坑工程施工所引起的直接或间接人员伤亡。

传统的基坑监测是现场监测后编制监测报告，停留在人工模式，劳动强度大，处理速度慢，受人为干扰影响大。这种落后的监测手段使得监测数据难以发现和分析，分析评价工作往往滞后于工程运行的需要，使基坑隐患无法及时发现和预测，直接影响基坑的运行安全，难以满足现代化基坑监测和管理的需要。

2. 解决问题的应对策略

采用安装自动化设备及传感器，无人工干扰，实时传输，确保数据真实有效。数据实时监测，测量整个工期的基坑安全状态的变化，实时对监测数据分析，报警、及时地反映基坑工程的状态，做到防微杜渐，避免大的事故发生。实时监测，监测时间可调，特殊情况可高频监测，无须增加任何成本。仅需要日常单人设备安全巡查，大大减少人力支出。实时采集数据，实时分析，实时报警，可保证基坑的安全施工统计，减少人力的干预，风险管控系数较高。

3. 整体设计

深基坑支护变形监测系统，是通过投入式水位计、轴力计、全自动全站仪、固定测斜仪等智能传感设备，实时监测在基坑开挖阶段、支护施工阶段、地下建筑施工阶段及竣工后周边相邻建筑物、附属设施的稳定情况，包括地下水位监测、支撑应力监测、水平位移监测等，承担着对现场监测数据采集、复核、汇总、整理、分析与传送的职责，并对超警戒数据进行报警，为设计、施工提供可靠的数据支持，如图 4-6-1 所示。

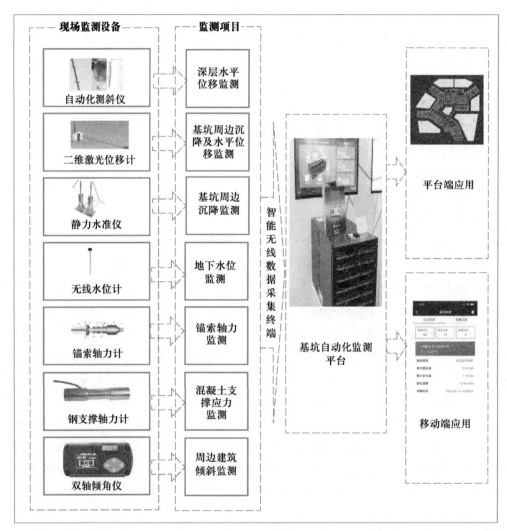

图 4-6-1 基坑监测系统应用规划

4. 系统功能设计

（1）数据采集及处理功能

应具有自动巡测和人工选测的功能；能够在数据采集装置与系统平台之间进行双向数据通信；能兼容并处理各种监测仪器及传感器所采集的信号，可将其转换为监测结果物理量；具有人工监测数据录入的功能，实现对人工监测数据的处理。

（2）监测系统运行状态判别及报警功能

具有对设备、电源、通信等硬件的工作状态进行自动监控和诊断的功能，对异常状态自动报警的功能；具有自动检验监测结果是否超过报警值，并进行报警的功能。

（3）系统管理和维护功能

系统有明确的权限分级管理，具备可增减用户、更改口令和变更权限等功能；可进行监测模块参数扩充和删减，可调整相应计算公式；可对传感器进行设置和调整；可对监测项目进行增、删、改、查操作；可增、删测点，更改测点属性，包括监测点初始化、监测频次及报警值等；可增、删监测项目测点布置示意图；可对系统通信设备进行增、删、改、查操作；可对系统硬件进行维修和更换。

（4）信息交换功能

可按基坑自动化监测方案确定的信息反馈要求，反馈监测信息；可与其他系统进行信息交换或在系统中预留相应的接口。

（5）数据使用及维护功能

能对监测数据进行整理，对录入的人工监测数据进行有效性验证，自动计算相应的监测物理量，并记入日志；查询数据、查询结果，可用图表显示和导出；可根据用户需要，生成各类监测报表，并输出相应监测成果曲线图，曲线图能清楚分辨监测点变化量；应具备数据定期自动备份和手动备份的功能。

（6）电源管理保护功能

系统电源可采用普通电源、不间断电源等供电电源；电源能自动切换，具备断电保护功能，并具有自动提醒功能，在外部电源突然中断时，后备电源供电时间不宜小于24 h；使用太阳能供电时，应配备电源控制设备，蓄电池的容量应满足连续72 h阴雨天气情况下的监测设备正常运行；系统应设置过载保护；涉及供电系统操作时，作业人员应持有相应专业资格证，满足国家、行业现行有关标准规定要求。

（7）系统数据安全保护功能

可自建专用服务器或采用云服务；有云上容灾保护与本地恢复功能，确保数据安全性、连续性；具有 SSL 证书，防止数据遭窃取和篡改；能解析数据库通信流量，细粒度审计数据库访问行为，精准识别、记录数据安全威胁；敏感数据保护，可发现分类和保护敏感数据；具有防勒索、防病毒、防篡改、合规检查等安全能力，实现威胁检测、响应、溯源的自动化安全运营闭环。

⚛ 【学习自测】

试用自己的语言，描述基坑作业中存在的安全隐患，并针对安全隐患制订物联网解决方案。

任务 4.6.2
方案实施与数据应用

⚛ 【任务引入】

基坑监测系统的实施主要包括现场设备的安装、网络的调试、系统运行和数据应用。深基坑监测和智慧工地平台通过综合利用不同的传输方式，将多种现场监测仪器、检测设备、无线传感器通过物联网技术连通起来，采用主动或被动触发的方式，实现监测数据的自动采集和实时传输，保证数据的真实性、完整性和实时性，如图 4-6-2 所示。

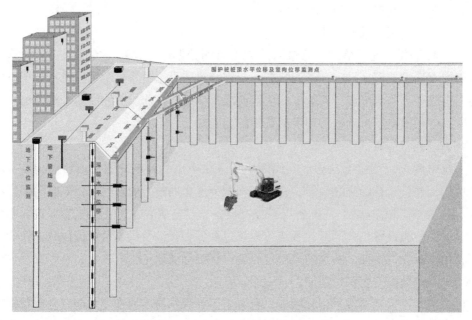

图 4-6-2　基坑监测系统的实施

⚛ 【知识准备】

基坑围护体系随着开挖深度增加必然会产生侧向变位，关键是侧向变位的发展趋势如何。一般围护体系的破坏都是有预兆的，因而进行严密的基坑开挖监测非常重要。通过监测可及时了解围护体系的受力状况，对设计参数进行反分析，以调整施工参数，指导下一步施工，遇异情可及时采取措施。应该说，基坑监测是保证基坑安全的一个重要的措施。监测点布置要求如下。

① 土体的深层水平位移监测点宜布置在基坑周边的中部、阳角处及有代表性的部位；当测斜管埋设在土体中，测斜管长度不宜小于基坑开挖深度的 1.5 倍，并应大于维

护墙的深度。以测斜管底为固定起算点，管底应嵌入到稳定的土体中。

② 地下水位监测点的布置应符合下列要求。

a. 基坑内地下水位采用深井降水时，水位监测点宜布置在基坑中央和两相邻降水井的中间部位。

b. 基坑外地下水位监测点应沿基坑、被保护对象的周边或在基坑与被保护对象之间布置，监测点间距宜为 20 ~ 50 m。

c. 水位观测管的管底埋置深度应在最低设计水位或最低允许地下水位之下 3 ~ 5 m，承压水水位监测管的滤管应埋置在所测的承压含水层中。

d. 回灌井点观测井应设置在回灌井点与被保护对象之间。

③ 基坑周边环境监测点的布置应符合下列要求。

a. 从基坑边缘以外 1 ~ 3 倍基坑开挖深度范围内需要保护的周边环境应作为监测对象。必要时尚应扩大监测范围。

b. 位于重要保护对象安全保护区范围内的监测点的布置，应满足相关部门的技术要求。

c. 建筑竖向位移监测点布置应符合下列要求：建筑四角、沿外墙每 10 ~ 15 m 处或每隔 2 ~ 3 根柱基上，且每侧不小于 3 个监测点；不同地基或基础的分界处；不同结构的分界处；变形缝、抗震缝或严重开裂处的两侧；新、旧建筑或高、低建筑交接处的两侧；高耸建（构）筑基础轴线的对称部位，每一构筑物不应少于 4 点。

d. 建筑水平位移监测点应布置在建筑的外墙墙角、外墙中间部位的墙上或柱上、裂缝两侧以及其他有代表性的部位，监测点间距视具体情况而定，一侧墙体的监测点不宜少于 3 点。

e. 相邻地基沉降观测点可选在建筑纵横轴线或边线的延长线上，亦可选在通过建筑重心的轴线延长线上。其点位间距应视基础类型、荷载大小及地质条件，与设计人员共同确定或征求设计人员意见后确定。点位可在建筑基础深度 1.5 ~ 2.0 倍的距离范围内，由外墙向外由密到疏布设，但距基础最远的观测点应设置在沉降量为零的沉降临界点以外。

f. 建筑裂缝、地表裂缝监测点应选择有代表性的裂缝进行布置，当原有裂缝增大或出现新裂缝时，应及时增设监测点。对需要观测的裂缝，每条裂缝的监测点至少应设 2 个，且宜设置在裂缝的最宽处及裂缝末端。

g. 管线监测点的布置应符合下列要求：应根据管线修建年份、类型、材料、尺寸及现状等情况，确定监测点设置；监测点宜布置在管线的节点、转角点和变形曲率较大的部位，监测点平面间距宜为 15 ~ 25 m，并宜延伸至基坑边缘以外 1 ~ 3 倍基坑开挖深度范围内的管线；供水、煤气、暖气等压力管线宜设置直接监测点，在无法埋设直接监测点的部位，可设置间接监测点。

⚛ 【任务实施】

基坑监测系统的实施主要包括设备的选择与安装、系统组网和系统应用等。

1. 设备的布置与重点数据应用规划

（1）设备连接

在基坑监测管理过程中，最重要的是数据实时监测，这就要求选定重要的检测项和监测点位，将物联网传感器埋入或安装至监测点位以便实时获取信息，需要监测的内容主要分为 3 类：位移监测、地下水位监测、内力监测。

（2）数据接通

所打通的数据见表 4-6-1。

表 4-6-1　基坑监测数据

序号	设备	数据	用途
1	水平位移监测设备	基坑周边沉降与水平位移、桥梁挠度监测、边坡沉降与水平位移监测、隧道拱顶挠度监测以及其他建筑物沉降与水平位移的自动化监测	实时监测、实时预警、未来发展趋势分析
2	高精度静力水准仪	结构垂直位移变化数据	
3	深层水平位移监测	深层水平位移数据	
4	跟踪式自动化水位计	水位高差变化值	
5	锚索内力监测	锚索内力值	
6	混凝土支撑轴力监测	支撑轴力	

2. 自动化测斜仪的选择与安装

无线实时自动化测斜仪主要用于测量土石坝、面板坝、边坡、路基、基坑、岩体滑坡等工程的深层水平位移（测斜）监测，采用电涡流微位移测量电路，计算倾斜原理。测斜仪具有自动校准、初始归零、实时无线传输等功能。测斜仪测量精度为 0.1 mm/500 mm，分辨率为 0.02/500 mm，测量范围为 ±15°，采用总线式外接采集模块的传输方式，如图 4-6-3 所示。

3. 二维激光位移计的选择与安装

二维面阵激光位移计利用激光发射点和光斑位置采集仪之间的相对位移，结合机械传动技术与自平衡校正功能来测量建筑物或监测点的横向位移与竖向沉降等参数；广泛应用于基坑周边沉降与水平位移、桥梁挠度监测、边坡沉降与水平位移监测、隧道拱顶挠度监测以及其他建筑物沉降与水平位移的自动化监测；内置锂电池可配备太阳能充电板，实现长期的监测。二维激光位移计采用 4G 自动传输，有效监测距离为 500 m，水平位移量程为 0～100 mm，水平位移精度为 0.5 mm，竖向位移量程为 0～100 mm，竖向位移精度为 0.1 mm，如图 4-6-4 所示。

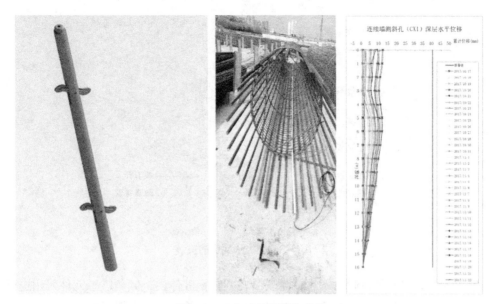

图 4-6-3　自动化测斜仪安装

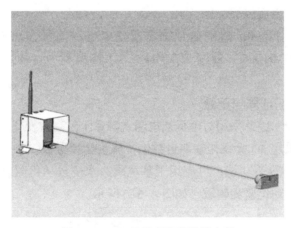

图 4-6-4　二维激光位移计的安装

4. 静力水准仪的选择与安装

高精度静力水准仪是一款倾角式高精度沉降监测传感器，是由多个传感器通过水管连接，组成沉降测试系统，广泛应用于路面线形沉降和剖面沉降、大坝线形沉降以及桥梁挠度等结构垂直位移变化的精密测量。

沉降监测系统由多个安装在不同测点的倾角式静力水准仪组成，其中一个安装在不动点作为基准点。通过连通水管将每个传感器连接，水箱与大气相通，以保证系统的稳定性。测点传感器发生沉降，会带动基准点传感器液位也发生变化，通过测量测点传感器与基准点传感器各自的液位值，计算相对参考点的沉降变化。系统采用的测试点位移变化的方法，相比传统沉降测量方法，响应速度更快，非常适用于各种路基的沉降变化监测，如图 4-6-5 所示。

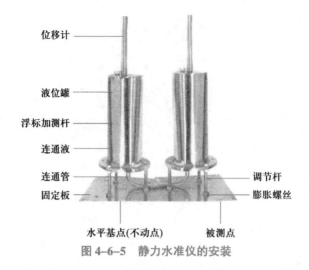

图 4-6-5　静力水准仪的安装

位移计
液位罐
浮标加测杆
连通液
连通管
固定板
调节杆
膨胀螺丝
水平基点(不动点)
被测点

倾角式静力水准仪将倾角敏感元件安装在不锈钢腔体内，倾角敏感元件采用进口加速度倾角芯片和差分电压信号输出或转换为数字信号输出，具有极低的温度漂移、高精度和稳定性。被测液体液位的升高或下降会使敏感元件的倾角值发生变化，通过精确测量倾角的变化可计算出液位的变化。

静力水准仪采用 RS485 数字信号输出或差分电压信号输出（0~5 V），量程为 100 mm，灵敏度为 0.01 mm，精度为 0.5%F.S，工作温度为 –40~85 ℃，温度漂移为 ±0.015%F.S/℃。

5. 无线水位计的选择与安装

跟踪式自动无线水位计采用对地涡流电阻式测量水位高差变化，伺服电机根据水位变化实时测量；并采用 4G 无线传输测量数据，测量量程为 20 m，测量精度为 ±1 mm；自动化测量、实时传输等功能；可应用于基坑周边水位自动化测量、湖泊水位实时测量，以及其他水位自动化监测领域，如图 4-6-6 所示。

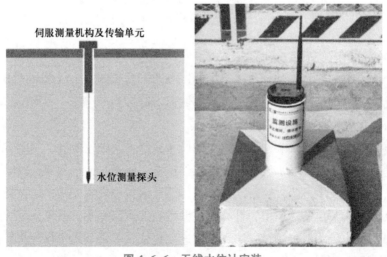

伺服测量机构及传输单元

水位测量探头

图 4-6-6　无线水位计安装

6. 锚索轴力计的选择与安装

根据结构设计要求，锚索轴力计安装在张拉端或锚固端，安装时钢绞线或锚索从锚索计中心穿过，锚索计处于钢垫座和工作锚之间，并从中间锚索开始向周围锚索逐步加载以免锚索计偏心受力或过载。锚索轴力计安装如图4-6-7所示。

图 4-6-7　锚索轴力计安装

7. 钢支撑轴力计的选择与安装

钢支撑轴力计一般采用振弦式轴力计，又称反力计，是一种振弦式载重传感器，具有分辨力高、抗干扰性能强，对集中载荷反应灵敏、测值可靠和稳定性好等优点，能长期测量基础对上部结构的反力、对钢支撑的轴力及静压桩试验时的载荷，并可同步测量埋设点的温度。对于基坑，选择部分典型支撑进行轴力变化观测，以掌握支撑系统的正常受力。按照施工设计图纸要求，测点布置于基坑各主测断面钢支撑端部，在同一竖直面内每道支撑均应布设测点，上下保持一致，如图4-6-8所示。

8. 双轴倾角仪的选择与安装

双轴倾角仪用于基坑周边建筑物的健康监测，分别在建筑物顶部周边安装实施。双轴倾角仪是基于4G移动网络传输方式的倾角传感器，广泛应用于建筑施工倾斜的监测、建筑危房倾角监测以及其他倾斜类监测；应用于施工场地周边建筑物变形监测、老旧房屋安全监测及结构微位移自动化监测。双轴倾角仪的量程为 $\pm15°$，相对精度为0.1%，最小传输间隔为10 min，最小采样间隔为5 min，其安装方式如图4-6-9所示。

9. 智能无线数据采集终端的选择与安装

智能无线数据采集仪主要应用于监测过程中传感器数据的无线采集与传输；可采集模拟信号、电压信号、电流信号、振弦信号

图 4-6-8　钢支撑轴力计安装

以及串口信号等，采用4G传输方式将数据传输到云平台；多用途无线采集终端可自由组合使用；五通道采集仪可同时采集1个自动化测斜和4个振弦传感器，其安装方式如图4-6-10所示。

图 4-6-9 双轴倾角仪安装

图 4-6-10 智能无线数据采集仪安装

10. 平台端数据应用

在平台端可以显示各传感器的位置，统计各监测点数据是否正常、是否超出报警值、是否超出控制值。平台可以统计监测类型占比，同时显示地下水位、深层水平位移、基坑周边沉降、水平位移等监测数据，并统计30天内报警情况，如图4-6-11所示。

11. 手机端数据应用

移动端可以查看深基坑传感器运行数据、监测点位、安全点位、报警点位、单次及累计变化值、变化速率、报警记录等，如图4-6-12所示。

12. 监测数据趋势分析

将监测数据通过统计分析图标展示，在展示监测数值变化趋势的同时展示预警线和报警线，让管理人员实时看到不同点位的监测情况，对于即将预警、报警的点位提前处理，避免发生事故，如图4-6-13所示。

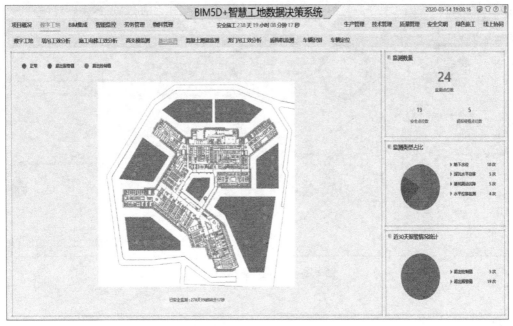

图 4-6-11 平台端数据应用

图 4-6-12 手机端数据应用

13. 基础数据留存

项目部可以根据基础数据结合基坑的施工方法、支护类型、地质条件等综合情况进行深度分析，并可以据此寻找关联性，形成适合于个性化管理模式、特殊地质需求的管理模型，如图 4-6-14 所示。

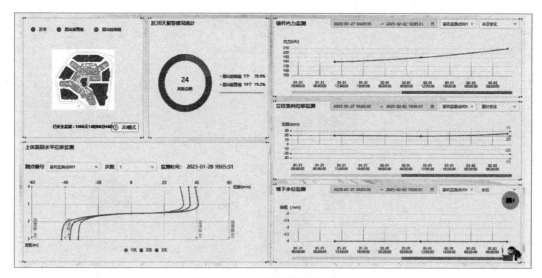

图 4–6–13　监测数据趋势分析

序号	测点名称	测点类型	测量终端	报警值	控制值	采集时间	单次变化值	累计变化值	偏差值	变化速率
1	基坑-JK303	深层水平位移	-	20	30	2022-03-03	15mm	40mm	10.00mm	4.02mm/d
2	基坑-JK303	深层水平位移	-	20	30	2022-03-03	15mm	40mm	10.00mm	4.02mm/d
3	基坑-JK303	深层水平位移	-	20	30	2022-03-03	15mm	30mm	10.00mm	4.02mm/d
4	基坑-JK303	深层水平位移	-	20	30	2022-03-03	15mm	30mm	10.00mm	4.02mm/d
5	基坑-KF0022-1	深层水平位移	-	10	20	2022-02-28	30.25mm	28mm	8.00mm	15.02mm/d
6	基坑-	深层水平位移		10	20	2022-02-	30.25mm	28mm	8.00mm	15.02mm/d

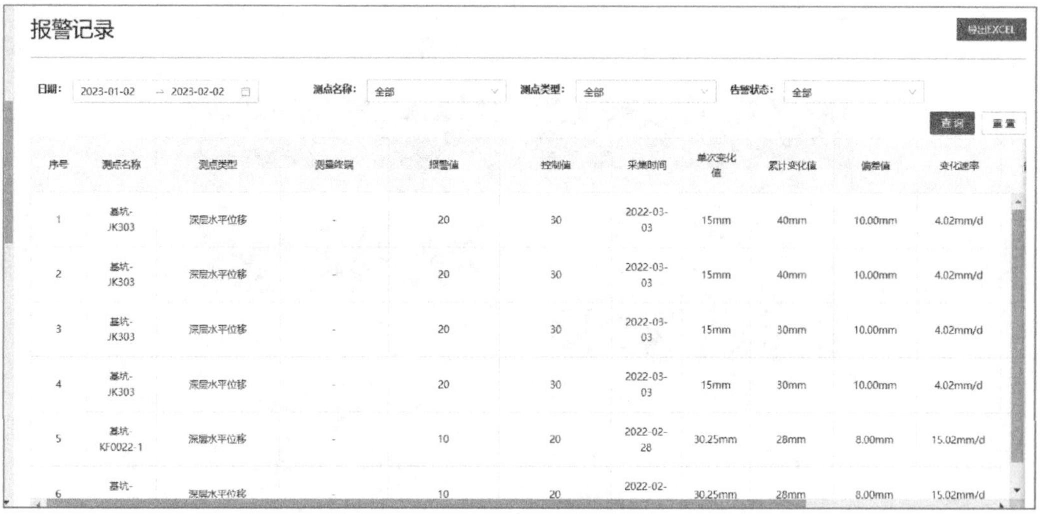

图 4–6–14　基础数据留存

在规划完成后，小孙和安全经理拿着应用规划内容和过往案例找项目经理进行汇报，项目经理认可了管理痛点和解决方案，并且启发小孙思考如何根据不同的地质情况、工艺工法去构建不同体量的基坑监测模型，小孙赞同经理的设想，并暗自思考如何借助高校的科研力量通过真实数据和模型的应用逐步构建新的基坑监测模式。

【学习自测】

试用自己的语言，描述基坑监测系统传感设备的安装与数据应用。

习题与思考

一、填空题

1. 基坑是在基础设计位置按_____和_____所开挖的土坑。

2. 基坑监测系统实时监测在_____阶段、_____阶段、_____施工阶段及竣工后周边相邻建筑物、附属设施的稳定情况。

3. 二维面阵激光位移计广泛应用于_____、_____、_____、隧道拱顶挠度监测以及其他建筑物沉降与水平位移的自动化监测。

4. 在平台端可以显示_____，统计_____、是否_____、是否_____。

二、简答题

1. 基坑作业过程中存在的安全问题是什么？
2. 采用基坑监测系统的主要目的是什么？
3. 基坑监测系统需要安装哪些传感器？
4. 基坑监测系统的主要应用有哪些？

三、讨论题

1. 根据你的理解，基坑监测方案还有哪些方面需要优化？
2. 你觉得采用基坑监测系统后可以在哪些方面提供安全保障？

项目 4.7
大宗物资进出场管理应用规划

[学习目标]

知识目标

1. 学习大宗物资进出场管理的全流程，以及管理过程中的痛难点；
2. 学习如何利用物联网设备解决痛难点，并规划设计完整解决方案；
3. 学习利用物联网系统工作过程中产生的业务数据对大宗物资进行精益管理。

技能目标

1. 能够全面理解项目物料管理业务流程；
2. 能够策划物联网大宗物资进出场整体解决方案；
3. 能够连接设备、调试系统、分析数据。

素养目标

1. 能够适应行业变化和变革，具备信息化的学习意识；
2. 了解物联网实际应用场景，坚定理想信念；
3. 具备健康心理和良好的身体素质；
4. 具备良好的思想品德和吃苦耐劳的职业素养。

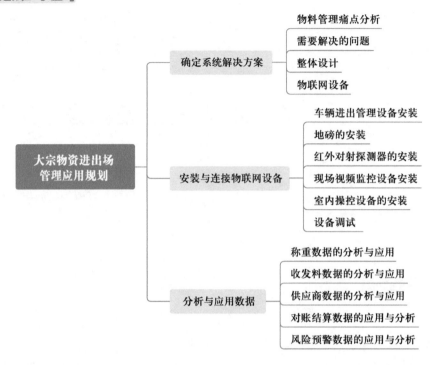

确定系统解决方案

任务 4.7.1
确定系统解决方案

【任务引入】

建筑工程领域，材料成本占工程成本的 50%～70%，而混凝土、钢材等大宗主材成本又占整体材料成本的 70%～90%，因此，控住材料成本尤其是大宗材料成本是项目节本增益的重点工作。

智慧工地专员小孙和物资经理探索大宗物资成本管控有两个核心：一个是量，另一个是价。对价管控方面，通过招投标和集采等方式相对可控；对量的管控，主要集中在物料进出场的承重，尤其是供货商供货数量的验收。准确记录实际数量，按照实际数量进行预算能帮助项目节约成本，提高收益率。

小孙认为 BIM+ 智慧工地和物联网设备的管理重点应聚焦在解决物料进场过程中经常出现实际重量与运单重量不相符、称重数量不准确等问题，并形成完善的资料用于结算和供货商评价。

⊛【知识准备】

大宗物料管理的全流程主要由物资计划、物资采购、进场验收、入库保管、领料出库和废旧物资处置等环节组成，如图 4-7-1 所示。

图 4-7-1 大宗物料管理流程图

物资计划：根据施工进度规划不同时间节点需要到场的物料种类及数量。

物资采购：通过招标、集采等方式确定供货商，签订合同并约定每次的供货时间及数量。

进场验收：乙方根据甲方需求，提供一定数量的物资并按约定时间运送至现场，甲方经过验收确认后，签字接收，并按照物料单 / 磅单作为结算依据。

入库保管、领料出库：物资签收后按照不同类型入库保管，并凭借单据领料出库。

废旧物资处置：对于无法继续使用的物资，根据项目制度进行处置。

⊛【任务实施】

需要对用户进行深入仔细的调研，通过对物料管理中痛点分析了解用户的真实需求，提出基于物联网的解决方案。

1. 物料管理痛点分析

传统物料进出场管理严重依赖人工，常见痛点如下。

① 厂商提供磅单与实际重量不符，按照磅单结算项目支出增加。

② 车辆离场过磅时，司机将车轮不完全压在地磅上，导致重量过重。

③ 厂商提供的磅单与施工现场生成的磅单数量太多、效率低，且人工处理数据容易出现问题，导致结算错误。

④ 难以将磅单汇总整合成物料表格，并进行数据分析以支撑管理层决策。

2. 需要解决的问题

① 在作业层面：如何堵塞漏洞，避免一进场就亏？如何防止供货商、司机各种猫腻？如何避免人为因素造成数量潜亏？如何简化工作，精减磅房人员？如何自动生成材料台账、报表？

② 在管理控制层面：如何随时随地查看现场情况？如何客观、真实、准确地分析各类统计？如何及时了解、掌握现场出现的问题？如何对比各厂商全面掌握供货商情况？

③ 在决策层面：如何保障及时、精准数据信息支撑？如何从管理视角提供决策依据？如何改变决策靠经验积累的现状？如何提升科学分析智能决策能力？如何提高确定性，降低决策风险？

3. 整体设计

为实现大宗物料进出场全方位精益管理，运用物联网技术，通过地磅周边硬件智能监控作弊行为，自动采集精准数据；运用数据集成和云计算技术，及时掌握一手数据，有效积累、保值、增值物料数据资产；运用互联网和大数据技术，多项目数据监测，全维度智能分析；运用移动互联技术，随时随地掌控现场、识别风险，实现零距离集约管控、可视化决策，如图4-7-2所示。

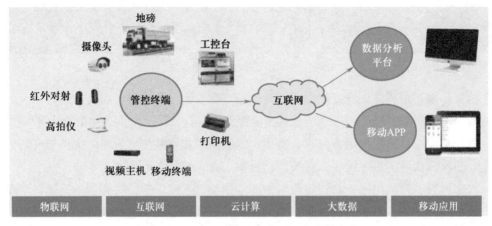

图 4-7-2 基于物联网的大宗物资管理方案

4. 物联网设备

物联网设备应具备车辆进场记录、地磅数据集成、车辆过磅监测、物料磅单识别记录、监测数据集成处理。物联网设备应能提高物料管理的效率，降低项目成本。

利用视频监控记录物料车辆进场情况，确保过磅车辆的所有轮胎都完整地压在地磅上。记录过磅数据，利用 OCR 技术获取厂商提供的磅单数据及物料种类，自动计算磅单数据与实际数据的差值，如图4-7-3所示。

图 4-7-3 大宗物料物联网设备

（1）车辆进出管理设备

车辆进出管理设备应具备对工程车辆进行权限放行和对其他车辆进行认证管理的功能。整套系统由车牌识别相机、道闸、车辆检测器、信息显示屏、管理平台服务器等组件构成。

车牌识别相机：实现视频监控、车辆图片抓拍、车牌识别等前端数据采集功能。

道闸：从物理上阻拦车辆，控制车辆进出。

车辆检测器：接收地感线圈反馈信号，检测有无车辆，并反馈输出检测信息，实现车辆触发抓拍及防砸功能。

（2）地磅

确保称重数据任何人都不能修改，从数据源头上确保真实性和准确性；避免手工失误等人为因素的存在；材料实称实入库，保证材料真实到场。

（3）红外对射

通过红外对射，监测回皮时车辆不完全上磅造成皮重减轻的情况；如发生系统预警并终止过磅，纠正后才能继续称重；避免人为因素造成皮重变轻、净重虚增，材料进场就亏的情况发生。

（4）现场视频监控

车前、车后、车顶、磅房内部4个摄像头监控全方位覆盖，一个过磅员在磅房内就能完成验收操作、监控不合规行为双任务，及时发现问题、处理问题，节约人力、精力投入；进场称重、出场称重各抓拍4张图片，与磅单一起留存，可以随时调出，让追溯问题、实行惩罚、纠纷处理有依据。自动识别、填写车牌，抓拍车牌照片，避免手工录入车牌耗时耗力，提升过磅效率，更重要的是留存车牌照片，实现可视化监管，威慑在车牌信息上做手脚的行为。

（5）高拍仪

可即时拍，方便、快捷留存运单、质量证明等原始信息，与磅单、抓拍图片一起以备核查；如发生纠纷，无须多处查找资料，打开一个磅单即可获取称重信息、图片、运单等完备信息，支撑合理诉求有保障。

❀【学习自测】

试用自己的语言，描述大宗物料进场业务流程及痛点，并针对痛点提出对应物联网解决方案，包括设备、数据、数据应用等。

安装与连接
物联网设备

任务 4.7.2
安装与连接物联网设备

⚙ 【任务引入】

小孙在完成系统方案设计后，需要利用检测仪器和专用工具，安装、配置、调试物联网设备，搭建数据互联的信息网络，并通过对各类设备的调试，实现中心计算机对机器、设备、人员进行集中管理、控制，构成自动化操控系统，实现物与物的相联，包括以下几点。

① 产品和设备检查，检测物联网设备、感知模块、控制模块的质量。

② 组装物联网设备及相关附件，选择位置进行安装与固定。

③ 连接物联网设备电路，实现设备供电。

④ 建立物联网设备与设备、设备与网络的连接，检测连接状态。

⑤ 调整设备安装距离，优化物联网网络布局。

⑥ 配置物联网网关和短距离传输模块参数。

⑦ 预防和解决物联网产品和网络系统中的网络瘫痪、中断等事件，确保物联网产品及网络的正常运行。

⚙ 【知识准备】

物联网设备的安装与调试主要包括以下内容。

① 产品和设备检查，检测物联网设备、感知模块、控制模块的质量。

② 组装物联网设备及相关附件，选择位置进行安装与固定。

③ 连接物联网设备电路，实现设备供电。

④ 建立物联网设备与设备、设备与网络的连接，检测连接状态。

⑤ 调整设备安装距离，优化物联网网络布局。

⑥ 配置物联网网关和短距离传输模块参数。

⑦ 预防和解决物联网产品和网络系统中的网络瘫痪、中断等事件，确保物联网产品及网络的正常运行。

⚙ 【任务实施】

物联网设备的安装与调试过程中需要仔细阅读产品说明书，了解安装要求，同时对现场进行勘察后制订施工方案，最后按规范施工，完成系统调试。

1. 车辆进出管理设备安装

（1）车牌识别相机安装

车牌识别相机安装之前，首先要根据摄像头有效距离参数决定相机的固定位置，如

图 4-7-4 所示。

在相机安装的地方安装支架，确定监控后端设备（硬盘录像机和显示器）位置后进行布线。布线时应尽量避免导线有接头，如果有非用不可的接头，必须采用压线或焊接，导线连接和分支处不应受机械力的作用。空在管内的导线，在任何情况下都不能有接头，必要时尽可能将接头放在接线盒探头接线柱上。

固定车牌识别相机，不要用手碰镜头与 CMOS。

把焊接好的视频电缆 BNC 插头插入视频电缆的插座内（用插头的两个缺口对准车牌识别相机视频插座的两个固定柱，插入后顺时针旋转即可），确认固定牢固、接触良好。

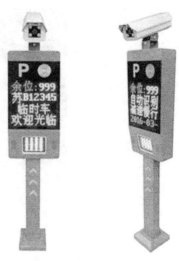

图 4-7-4　车牌识别相机

将电源适配器的电源输出插头插入监控摄像机的电源插口，并确认牢固度（注意：摄像机的电源要求请参照产品说明选用适合的产品）。把电缆的另一头按同样的方法接入控制主机或监视器（电视机）的视频输入端口，确保牢固、接触良好。

（2）道闸安装

线路预埋。按客户要求将机箱位置定好，需事先完成混凝土基座浇筑（基座尺寸大小要比道闸底部外形尺寸大小多出约 100～150 mm）。控制室或岗亭之间预埋或开挖电缆线沟，埋放线管穿入设备所用 $3 \times 1.5 \text{ mm}^2$ 电源线和 $4 \times 0.5 \text{ mm}^2$ 控制线，确定无误后回填混凝土。

固定机箱。机箱放固定位置，打开机箱门松脱固定帽子蝶形螺母（机箱门和帽子小心安放，避免表面刮伤），机箱底板螺钉孔心和机箱底座边缘做上记号、移开道闸做好记号，螺钉孔上用钻头垂直打孔（钻头大小要与随设备配带膨胀螺栓相匹配），深度要符合膨胀螺钉长度要求。机箱移至原位打入膨胀螺钉并固定牢固。

闸杆安装。道闸机箱固定牢固后便安装闸杆杆把位置。用配备螺钉拧紧并确定闸杆倾斜角度，需安装叉杆调试好垂直水平状态；用手闸杆摇至水平位置确定闸杆端部叉杆安装位置，并用螺丝叉杆固定牢固（无叉杆情况无需安装），如图 4-7-5 所示。

外围设备安装。道闸安装牢固且调试完毕后，根据客户需要按道闸控制板接线图接好机箱线路和相关外围设备控制线路，并进行相关调试。

（3）车辆检测器安装

车辆检测器应尽可能安装在防潮防湿的干燥环境里，并与其他设备或装置保持一定的间距，以便接线和维护，如图 4-7-6 所示。

车辆检测器能否正常工作在很大程度上取决于它所连接的感应线圈。线圈一般选用聚氯乙烯 AWG16～22 多芯高温护套线，采用矩形形状，四角呈 45° 倒角，避免尖角割伤线圈电缆。

图 4-7-5　道闸的闸杆安装

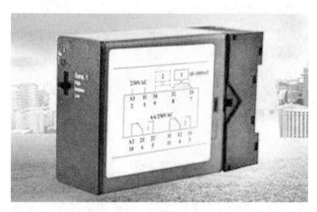

图 4-7-6　车辆检测器安装

根据线圈尺寸在地面画线，切割深度为 50～80 mm、宽度 4～8 mm 的馈线走线槽，确保槽内最上层电缆距地面 30 mm 以上，去掉槽内锐角，清理碎渣，使槽底平整。

整个电感线圈（包括矩形线圈和馈线）的电缆应无接头，在槽内自下而上逐层排线、压紧，直至完成设计总匝数。馈线（从矩形线圈到检测器）须双绞后延伸至检测器，每米至少绞合 20 次。线圈电缆必须每隔 20～30 cm 用长 3 cm 左右的塑料泡沫棒固定，防止电缆在填缝时浮起。

槽内缝隙须填实与道路成为一体，防止线圈在有车经过时发生颤动，对于水泥路面可用水泥、沥青或环氧树脂，而对于沥青路面只能用沥青作为填缝材料。

2. 地磅的安装

（1）地磅的秤体安装

地磅的称体安装要做到基础平整可靠，传感器和秤台接触良好，每个传感器受力相对均匀。在磅安装完毕后，先在仪表上设置传感器的相关参数（包括传感器类型、数量、每个角位对应的传感器等），并对秤进行一次简单标定，然后用尽可能接近满量程的重物（如汽车配载砝码）在秤台上来回压 2～6 次，以保证秤台各部分稳固，传感器垂直受力。压完后要能看到秤台压在空秤时可靠回零，否则需检查秤台和传感器是否存在安装问题，基础是否存在不实等问题，问题解决后再重压秤台2～3次，查看秤回零情况。当整个秤体回零理想后，通过查看空秤时每个传感器输出的码值来初步评估传感器受力情况，如图4-7-7所示。

图4-7-7　地磅秤体安装

（2）地磅的角差修正

当前面所有工作完成后，就可以开始对地磅进行角差修正。建议先自动修正角差，然后通过手动进行微调修正，可得到非常理想的校正结果。

（3）数字式仪表和数字式传感器的接口连接

数字式仪表和数字式传感器的接口连接是地磅安装调试的关键。首先要明确接口中各引脚的定义。数字传感器一般采用RS485通信方式接口，但由于使用习惯和设计习惯等差异，这中间又存在两线制和四线制RS485接口方式的差异，连接时需要加以区分。两线制的RS485接口属于常规使用中见得多的一种方式，传感器输出总共5根线，分别为屏蔽线、电源正、地（GND）、接收正/发送正（A/T）和接收负/发送负（B/T-），可以配接两线制和四线制RS485接口的数字仪表。无论哪种接线方式，接线时首先一定要确保电源线连接正确，尤其在整个秤安装完毕后通电调试前，一定要仔细核对和检查电源线接线的正确性，否则极易造成数字传感器内部电路损坏。

3. 红外对射探测器的安装

红外对射探测器采用支柱式安装方法，支柱的固定必须坚固牢实，没有移位或摇晃，以利于安装和设防、减少误报。探头的位置一般应距离地面50 m以上。遮光时间应调整到较快的位置上，对非法入侵作出快速反应。

线路不能明敷，必须穿管暗设，这是探测器工作安全性的最起码的要求。

配线接好后，请用万用表的电阻挡测试探头的电源端子，确定没有短路故障后方可接通电源进行调试。

电源按正负极性接入，可以把所有的有线探测器报警输出部分看成一个开关，一般有3个接线端子，即COM（公共）/NC（常闭）/NO（常开），经常用到的是com和n.c，接报警主机的报警输入端。如果报警主机有防破坏线尾电阻，线尾电阻一定要接在探测器上，不要接在主机一端，否则会失去防破坏功能，如图4-7-8所示。

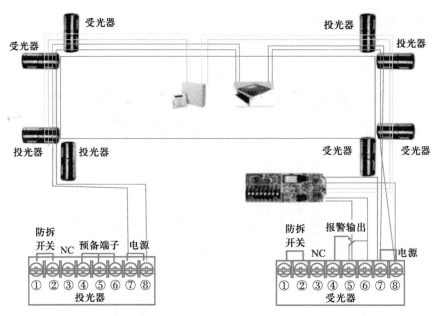

图 4-7-8　红外探测器的安装接线

4. 现场视频监控设备安装

车前、车后、车顶、磅房内部 4 个摄像头安装时，一般需要注意以下问题。

① 摄像机安装在监视目标附近不易受外界损伤的地方，安装位置不影响现场车辆进出和人员正常活动。

② 采用室外全天候防护罩，保证春夏秋冬、阴晴雨风各种情况下能正常使用。

③ 摄像机镜头应避免强光直射，保证摄像机靶面不受损伤。镜头视场内没有遮挡监视目标的物体。摄像机镜头从光源方向对准监视目标，避免逆光安装；当需要逆光安装时，应降低监视区域的对比度。

④ 摄像机的安装应牢靠、紧固。

⑤ 在高压带电设备附近架设摄像机时，根据带电设备的要求，确定安全距离。

⑥ 摄像机在安装时每个进线孔采用专业的防水胶或热熔胶做好防水、防水蒸气等流入的措施，以免对摄像机电路造成损坏。

⑦ 注意摄像机是否上下颠倒，防止拍摄呈现出来的监控画面上下颠倒。

⑧ 接线时，只需要将制作好的网络跳线和电源跳线接入对应接口，并保证可靠连接即可。

5. 室内操控设备安装

室内的操控设备可以根据房间的布局进行安装，在空间较小时，采用一体式布放，如图 4-7-9 所示。做好室外现场设备与室内操控设备的网络连接。

6. 设备调试

（1）设备连接

为了物料管理精细化，需要在大门进出口、称重区、磅房连接物联网设备。在项目大门口连接的设备有车辆检测器、车牌识别相机；在称重区连接的设备有地磅（数据传输）、红外对射、视频监控（车前、车后、车顶）；在磅房连接的设备有高拍仪、磅单打印机、视频监控。基于物联网的物料管理系统图如图4-7-10所示。

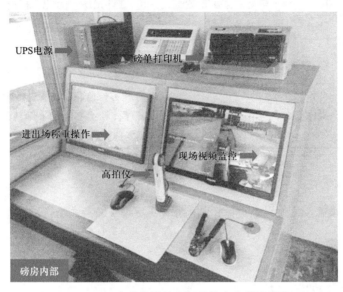

图 4-7-9　大宗物料管理系统的室内操控设备

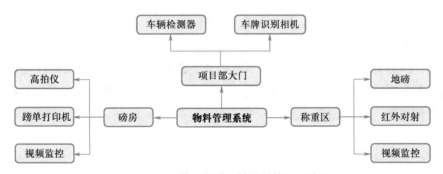

图 4-7-10　基于物联网的物料管理系统图

（2）数据接通

所打通的数据见表4-7-1。

表 4-7-1　物　料　数　据

序号	区域	设备	数据	用途
1	项目部大门	车辆检测器	是否有车进场	接收地感线圈反馈信号，检测有无车辆，并反馈输出检测信息，实现车辆触发抓拍及防砸功能
2		车牌识别相机	车辆图片、车牌号、进出场时间	实现视频监控、车辆图片抓拍、车牌识别等前端数据采集功能

序号	区域	设备	数据	用途
3	磅房	高拍仪 & OCR	原始单据留痕、物料类型、重量数据	留存运单、质量证明等原始信息，与磅单、抓拍图片一起以备核查
4	称重区	地磅	称重	人不碰数据，保证数据真实性
5		红外对射	车辆不完全上磅提示及记录	监测回皮时车辆不完全上磅造成皮重减轻的情况，如发生系统预警并终止过磅
6		摄像头	过磅图片、车牌自动识别	全方位监测，辅助过磅验收，与磅单一起留存；杜绝称毛后不卸料回皮，再次称毛，反复称重的情况

⚛ 【学习自测】

试用自己的语言，描述大宗物料管理系统的现场设备及其主要作用。

分析与应用数据

任务 4.7.3
分析与应用数据

⚛ 【任务引入】

当小孙选择好对应的设备并学习了原理及安装方法后，则需要对物联网设备的布置、系统产生的数据及其用途进行规划，在达到大宗物料管理精益化的同时给相关的管理模块进行赋能，提升整体管理水平。

⚛ 【知识准备】

1. 系统软件

系统软件是指控制和协调计算机及外部设备，支持应用软件开发和运行的系统，是无须用户干预的各种程序的集合，主要功能是调度、监控和维护计算机系统；负责管理计算机系统中各种独立的硬件，使得它们可以协调工作。系统软件使得计算机使用者和其他软件将计算机当作一个整体而不需要顾及底层每个硬件是如何工作的。

一般来讲，系统软件包括操作系统和一系列基本的工具（如编译器、数据库管理、存储器格式化、文件系统管理、用户身份验证、驱动管理、网络连接等方面的工具），是支持计算机系统正常运行并实现用户操作的那部分软件。

系统软件一般是在计算机系统购买时随机携带的，也可以根据需要另行安装。

2. 应用软件

应用软件是为了满足用户不同需求、不同问题而设计开发出来的软件。

⚙ 【任务实施】

1. 称重数据的分析与应用

利用物联网设备（地磅）保障车辆称重数据准确，历史留痕资料完整，作为物料统计分析、结算的最原始依据，如图4-7-11所示。

图4-7-11　称重数据的分析与应用

2. 收发料数据的分析与应用

物联网设备可获取物料种类、重量、进出场信息等，并自动将数据聚合统计分析，可以得出当月收料/发料的车数、重量等信息，同时统计进料的实际重量与供货商上报数量之间的偏差情况等数据，如图4-7-12所示。

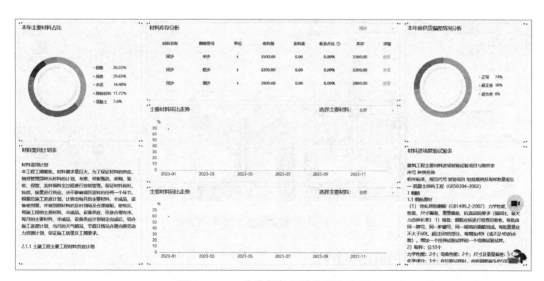

图4-7-12　收发料数据的分析与应用

3. 供应商数据的分析与应用

可实现多维供应商分析：按供应商分析供货情况、偏差情况，按供货偏差情况进行 TOP 排名，核查各厂家真实供货信誉，从供货数量角度辅助识别、评价优质供应商长期合作、劣质厂商进行处罚甚至纳入黑名单，从而优化供货来源、提高供货保障，如图 4-7-13 所示。

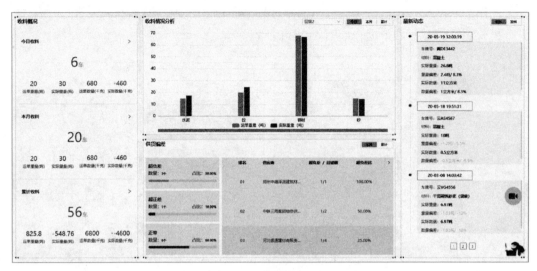

图 4-7-13　供应商数据的分析与应用

4. 对账结算数据的应用与分析

根据硬件采集数据，系统出账，不受人为因素干预，保证数据真实、准确；问题单据追溯原始信息，核查有依据，防止供应商扯皮；App 扫描二维码验证单据，排除伪造、冒用单据，避免多算、错算，防止对账结算环节成本损失，如图 4-7-14 所示。

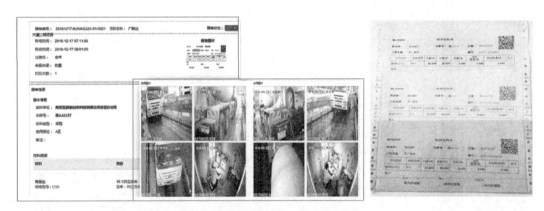

图 4-7-14　对账结算数据的应用与分析

5. 风险预警数据的应用与分析

风险预警数据包括材料供货负差、车辆皮重异常、装料异常、卸料异常、车辆进出场异常、重复出场称重等，了解有哪些预警、是否处理、处理结果是否合理，对收料风险进行识别、处理、管控，实现风险的闭环管理，如图 4-7-15 所示。

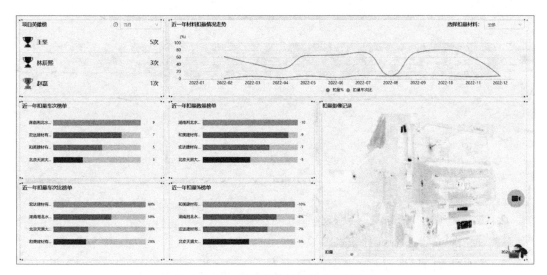

图 4-7-15　风险预警数据的应用与分析

在规划完成后，小孙和物资经理拿着应用规划内容和过往案例找项目经理进行汇报，项目经理认可了管理痛点和解决方案，并且启发小孙思考如何站在企业公司的层级应用这些数据，譬如建立企业级的供应商数据库，统计物料的使用情况、价格等信息。

⚛ 【学习自测】

试描述大宗物料系统根据所收集的数据可以开展的应用。

习题与思考

一、填空题

1. 物料管理流程分为_____、_____、_____、_____、_____。

2. 物料管理中的物联网设备包括_____、_____、_____、_____、_____。

3. 在项目大门口连接的主要设备有_____、_____。

4. 在称重区连接的设备主要有_____、_____、_____。

5. 在磅房连接的设备主要有_____、_____、_____。

6. 大宗物料管理系统中地磅称重数据作为_____、_____的依据。

7. 风险预警使用的数据主要来自_____、_____、_____、_____、_____、_____。

二、简答题

1. 基于物联网的大宗物料管理系统中地磅的主要作用是什么?

2. 基于物联网的大宗物料管理系统中红外对射的主要作用是什么?

3. 地磅安装过程中应注意哪些问题?

4. 车牌识别相机安装过程中应注意什么问题?

5. 供应商数据主要用于分析哪些内容?

6. 对账数据分析的主要作用是什么?

三、讨论题

1. 还有哪些物联网设备可以解决物料管理的问题?

2. 你觉得现场设备与操控设备之间应采用有线还是无线连接? 主要的理由是什么?

3. 收发料数据分析可以提供哪些信息?

项目 4.8
绿色施工环境监测应用规划

 [学习目标]

知识目标

1. 学习绿色施工环境保护的要求，以及环境治理中存在的问题；
2. 学习如何利用物联网设备解决绿色施工环境治理问题，并规划设计完整解决方案；
3. 学习利用物联网系统工作过程中产生的业务数据对施工环境进行精益管理。

技能目标

1. 能够全面理解绿色施工环境管理的要求；
2. 能够策划基于物联网技术的绿色施工环境监测整体解决方案；
3. 能够连接设备、调试系统、分析数据。

素养目标

1. 具备绿色发展理念和环境保护意识；
2. 具备分析问题和解决问题的能力；
3. 具备质量意识和精益求精的精神。

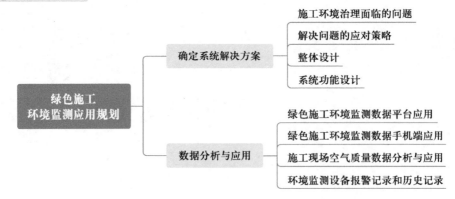

[思维导图]

绿色施工环境监测应用规划
- 确定系统解决方案
  - 施工环境治理面临的问题
  - 解决问题的应对策略
  - 整体设计
  - 系统功能设计
- 数据分析与应用
  - 绿色施工环境监测数据平台应用
  - 绿色施工环境监测数据手机端应用
  - 施工现场空气质量数据分析与应用
  - 环境监测设备报警记录和历史记录

确定系统解
决方案

任务 4.8.1
确定系统解决方案

◎【任务引入】

随着我国城市的发展，对住宅、工业园、商业区等的建设要求不断提高，为了满足人民的生产和居住要求，不断进行规划、改建和扩建。但是在建筑施工中，由于施工、运输、建筑材料、施工设备等因素的影响，扬尘和噪声污染一直没有得到有效的治理。要实现对施工现场的粉尘、噪声的管控，创建"绿色"施工现场，必须加强对施工现场的环境监测。

智慧工地专员小孙在调研中发现绿色施工跟各个部门都联系紧密，从最基础的PM10 监测、雾炮喷淋，再到根据不同的天气情况合理组织施工、防备恶劣天气的不良影响等。所以对于绿色施工的管理要从监测预警和相关性提示两个方面入手。

◎【知识准备】

1. 绿色施工的内涵

绿色施工除了文明施工、封闭施工、减少噪声扰民、减少环境污染、清洁运输等外，还包括减少场地干扰，尊重基地环境，结合气候施工，节约水、电、材料等资源或能源，采用环保健康的施工工艺，减少填埋废弃物的数量，以及实施科学管理、保证施工质量等。

2. 绿色施工现场扬尘控制应符合的规定

① 施工现场宜搭设封闭式垃圾站。

② 细散颗粒材料、易扬尘材料应封闭堆放、存储和运输。

③ 施工现场出口应设冲洗池，施工场地、道路应采取定期洒水抑尘措施。

④ 土石方作业区内扬尘目测高度应小于 1.5 m，结构施工、安装、装饰装修阶段目测扬尘高度应小于 0.5 m，不得扩散到工作区域外。

⑤ 施工现场使用的热水锅炉等宜使用清洁燃料。不得在施工现场融化沥青或焚烧油毡、油漆以及其他会产生有毒、有害烟尘和恶臭气体的物质。

3. 绿色施工现场噪声控制应符合的规定

① 施工现场应对噪声进行实时监测，施工场界环境噪声排放昼间不应超过 70 dB（A），夜间不应超过 55 dB（A）。噪声测量方法应符合现行国家标准《建筑施工场界环境噪声排放标准》（GB 12523—2011）的规定。

② 施工过程宜使用低噪声、低振动的施工机械设备，对噪声控制要求较高的区域应采取隔声措施。

③ 施工车辆进出现场，不宜鸣笛。

⊛【任务实施】

需要对用户需求进行深入仔细的调研，通过了解目前施工现场环境监测的具体要求，提出基于物联网的解决方案。

1. 施工环境治理面临的问题

① 建筑工地等污染源企业普遍缺乏主体责任意识，需要 24 h 不间断监控。

② 监控点多、面广、线长，而管理人员数量少、疲于应付。

③ 信息不共享、治理环节多、协同成本高、治理效果反复。

2. 解决问题的应对策略

建立一套针对建筑工地、渣土车、渣土场、露天仓库（堆场）等扬尘污染源的物联传感网络，将物联网、大数据、云计算和移动互联等技术与环保深度融合，能大力提升环保治理和管理的效率、效果，通过技术创新倒逼管理变革，对于我国大中型城市有效地控制扬尘污染、提高空气质量具有非常现实和重大的意义。关于环境监测系统具体归纳为以下 4 点。

① 根据环境质量标准评价环境质量。

② 根据污染分布情况，追踪寻找污染源，为实现监督管理、控制污染提供依据。

③ 收集本底数据，积累长期监测资料，为研究环境容量、实施总量控制和目标管理、预测预报环境质量提供数据支撑。

④ 为保护人类健康、保护环境，合理使用自然资源，制定环境法规、标准、规划等服务。

3. 整体设计

绿色施工环境监测系统对建筑工地固定监测点的扬尘、噪声、气象参数等环境监测数据进行采集、存储、加工和统计分析，监测数据和视频图像通过有线或无线（3G/4G）方式传输到后端平台。该系统能够帮助监督部门及时准确地掌握建筑工地的环境质量状况和工程施工过程对环境的影响程度。满足建筑施工行业环保统计的要求，为建筑施工行业的污染控制、污染治理、生态保护提供环境信息支持和管理决策依据，如图4-8-1所示。

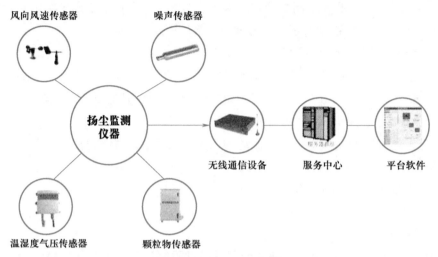

图4-8-1 绿色施工环境监测系统

绿色施工环境监测系统主要由温湿度气压传感器、风向风速传感器、噪声传感器、PM颗粒物传感器、无线通信设备和服务中心等组成的气象监测系统、噪声监测系统、扬尘监测系统、数据采集处理系统、数据展示系统和LED屏显示系统等构成。

4. 系统功能设计

（1）气象监测系统

整套设备具备风速、风向、风力、温度、湿度等环境参数的监测，为扬尘和噪声监测数据的后期分析提供气象参数保障；特别是通过风向对扬尘的运动趋势做科学预测和报警；在不同的气象条件下，对扬尘、噪声监测数据做科学的修正。

（2）噪声监测系统

噪声监测系统具有校准单位，提供全天候户外噪声采集传感单元，对传感器的户外监测安全和数据准确性提供可靠保障。

（3）扬尘监测系统

通过PM颗粒物传感器对扬尘进行连续自动监测，对扬尘每分钟采集一次数据，并实时上传至服务器，供后台程序统计和分析。扬尘监测包括PM2.5和PM10，并同时上传到数据中心和监控平台，该系统可以联动喷淋设备，实现近距离控制（直接控制喷淋阀门）和远距离无线控制（远程或自动控制），如图4-8-2所示。

（4）数据采集处理系统

本系统是整套系统的中枢，对所收取的监测数据进行判别、检查和存储；对采集的监测数据按照统计要求进行统计分析处理，将处理后的数据上报至云平台，并控制参数的本地化显示。

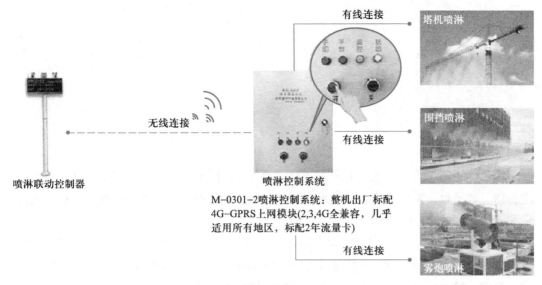

图 4-8-2　环境监测联动喷淋设备

（5）数据展示系统

本系统的监测数据可以实时上传至智慧工地管理平台，实现远程监管和信息留存。

（6）LED 屏显示系统

LED 屏显示系统实时现场监测数据显示，给施工单位以警示作用；给施工单位自查、自控提供数据支撑，如图 4-8-3 所示。

图 4-8-3　LED 屏显示系统

◈【学习自测】

试用自己的语言，描述绿色施工环境监测的需求，并针对需求制订物联网解决方案。

数据分析与
应用

任务 4.8.2
数据分析与应用

⚛ 【任务引入】

绿色施工环境监测系统实时采集建筑工地风速、温度、颗粒物等参数，并快速回传至智慧工地平台；当监测值超过临界点时，系统自动报警，还可以联动喷淋设备，实现监测值超标后的自动降尘。

绿色施工环境监测系统主要监测的项目为可吸入颗粒物，并配套噪声监控系统、气象系统、数据采集系统和通信系统等，监测的数据包括扬尘浓度、噪声指数、温度、湿度、风向、风速、风力等，通过无线网络实时传输，实现了远程化、自动化环境监控。

⚛ 【知识准备】

喷雾降尘系统通过喷射水雾吸附尘土颗粒，从而自身增重而沉降，可以在限定的施工作业区域进行立体自动化有效降尘、抑尘。由于采用湿式降尘手段，可与风送式吸尘设备互为补充，防止粉尘的二次污染。

为了减少工地建设过程中产生的扬尘，很多工地安装了 PM2.5 检测仪，还在围挡上方安装了喷雾设备，实时监控，及时降尘。实测箱能 24 h 提供各类现场大气数值，通过互联网与围挡上的喷雾系统和工地里的雾炮机对接，一旦指数超标，现场喷雾系统立即喷洒降尘。

防尘喷淋工地围挡喷雾除尘降尘系统特点：可智能喷雾，自动化、定时化操控，优势显著；只需要在起尘点、粉尘点设置喷雾点，即可实现源头除尘；效率高；不需要空气压缩机，喷雾除尘设备体系投入小，耗能小，运用成本低；喷雾除尘系统安装便捷，不局限场景情况；具有自动断水断电安全保护系统。

多功能抑尘喷雾系统应用于保护、净化城市空气，是降尘除尘、降低粉尘浓度的设备。其适用于 PM10 和雾霾治理，建筑工地降尘，混凝土、拌和料场、堆料场等易产生扬尘污染活动的喷雾降尘除尘治理。

⚛ 【任务实施】

通过绿色施工环境监测系统获得的施工现场的环境数据主要应用于施工环境的监测、管理与治理。

1. 绿色施工环境监测数据平台应用

环境监测设备监测到的值实时回传至智慧工地平台，并将数据建模，以直观的图表形式呈现，管理人员可远程、实时监控项目环境情况。通过24 h环境变化曲线、月度环境变化曲线，对扬尘治理效果进行判断，或者根据趋势对未来情况进行预判。当现场的环境监测数据超过设定的阈值后，自动推送报警信息，辅助管理人员做出应急措施，避免安全事故发生，如图4-8-4所示。

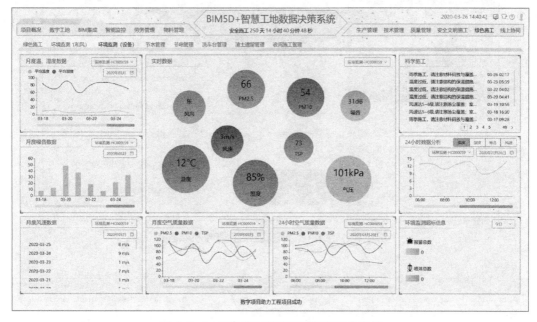

图4-8-4　绿色施工环境监测数据平台应用

检查扬尘管理中是否有局部的超标，根据时间节点寻找超标的原因，辨别是否为经常性发生事件，并制订整改措施。将项目扬尘（目前为PM10）报警次数与喷淋次数同框显示，并记录扬尘报警与恢复时间，完成扬尘管理闭环，即报警 – 喷淋 – 恢复；通过扬尘报警与自动喷淋完成的智能管理闭环，证明扬尘与喷淋联动的良好管理成效。

2. 绿色施工环境监测数据手机端应用

施工管理人员不在工作区或在异地时，需要远程了解现场环境情况，确保现场施工无环境污染等违规现象发生，可以通过手机APP，远程查看每台设备的实时参数值，随时随地了解现场环境情况，及时进行远程沟通，实现对项目的管控，也可手动开启联动喷淋装置，对现场环境进行治理，如图4-8-5所示。

3. 施工现场空气质量数据分析与应用

展示当地气象局监测数据，通过灾害天气预警及实况天气、天气预报等识别可能对施工造成的影响，便于管理人员准备应急措施。平台中的科学施工模块，也会根据气候变化，自动推送施工建议，比如温度过低，注意结构保温措施等。在扬尘超标时，可将现场空气质量与当地进行对比，判定超标原因；在迎检验收中，现场指数与当地气象站指数相差越小，表明现场扬尘管理成效越优秀，为项目迎检验收加分，如图4-8-6所示。

图 4-8-5　绿色施工环境监测数据手机端应用

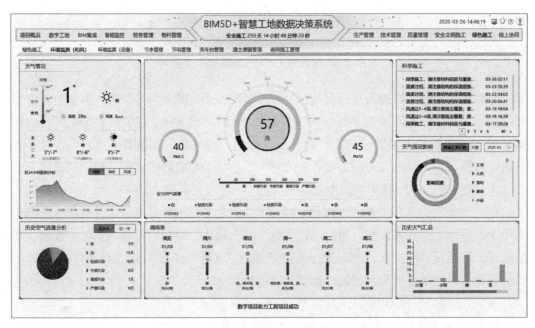

图 4-8-6　施工现场空气质量数据分析与应用

4. 环境监测设备报警记录和历史记录

环境监测设备每天监测到的空气情况以及报警记录都会在智慧工地平台中自动留存，支持按日期、按设备查询，并支持导出 Excel 表格，使平台不仅仅是数据看板，更是处理、存储信息的项目"大脑"，如图 4-8-7 所示。

图 4-8-7　环境监测设备报警记录和历史记录

在规划完成后，小孙拿着应用规划内容和过往案例找项目经理和各个部门的负责人进行汇报，大家认可了管理痛点和解决方案，项目经理提出如何站在集团层级来开展绿色施工，如何根据不同工程的体量、工艺、所在区域来构建一套实时监测、科学施工提示的管理指导模型，如何将环境数据更充分地使用在不同施工阶段和各个管理模块。

⊛【学习自测】

试用自己的语言，描述绿色施工环境监测系统的数据应用。

一、填空题

1. 绿色施工除了_____、_____、_____、_____、清洁运输等外，还包括减少场地干扰、尊重基地环境，结合气候施工，节约水、电、材料等资源或能源，采用环保健康的施工工艺，减少填埋废弃物的数量，以及实施科学管理、保证施工质量等。

2. 施工现场应对噪声进行实时监测，施工场界环境噪声排放昼间不应超过_____dB（A），夜间不应超过_____dB（A）。

3. 绿色施工环境监测系统主要由_____、_____、_____、PM 颗粒物传感器、通信设备和服务中心等组成。

4. 通过_____曲线、_____曲线，对扬尘治理效果进行判断，或者根据趋势对未来情况进行预判。

二、简答题

1. 绿色施工环境治理面临的问题是什么?
2. 绿色施工环境监测的传感器有哪些?
3. 绿色施工环境监测系统的主要功能有哪些?
4. 绿色施工环境监测系统的主要应用有哪些?

三、讨论题

1. 根据你的理解，绿色施工环境监测系统方案还有哪些方面需要优化?
2. 你觉得绿色环境监测系统的应用还有哪些?

项目 4.9
建筑工程其他物联网系统应用规划

[学习目标]

知识目标

学习如何利用物联网设备解决脚手架、临边防护、临电箱、吊篮的安全监测问题，并规划设计完整解决方案。

技能目标

能够策划基于物联网技术的脚手架、临边防护、临电箱、吊篮监测整体解决方案，能够连接设备、应用数据。

素养目标

1. 具备安全意识，增强运用现代化技术解决安全问题的使命感；
2. 具备分析问题和解决问题的能力。

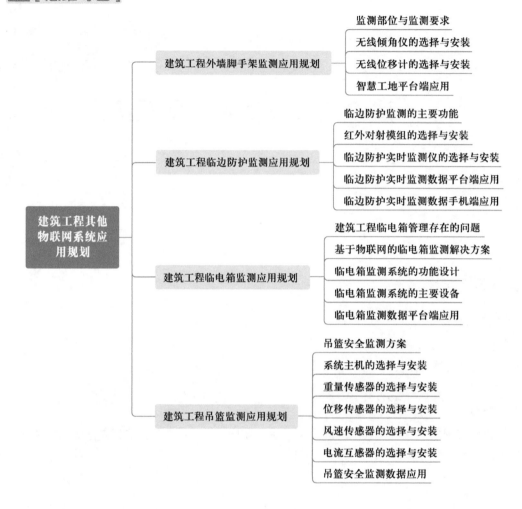

建筑工程其他物联网系统应用规划

- 建筑工程外墙脚手架监测应用规划
  - 监测部位与监测要求
  - 无线倾角仪的选择与安装
  - 无线位移计的选择与安装
  - 智慧工地平台端应用
- 建筑工程临边防护监测应用规划
  - 临边防护监测的主要功能
  - 红外对射模组的选择与安装
  - 临边防护实时监测仪的选择与安装
  - 临边防护实时监测数据平台端应用
  - 临边防护实时监测数据手机端应用
- 建筑工程临电箱监测应用规划
  - 建筑工程临电箱管理存在的问题
  - 基于物联网的临电箱监测解决方案
  - 临电箱监测系统的功能设计
  - 临电箱监测系统的主要设备
  - 临电箱监测数据平台端应用
- 建筑工程吊篮监测应用规划
  - 吊篮安全监测方案
  - 系统主机的选择与安装
  - 重量传感器的选择与安装
  - 位移传感器的选择与安装
  - 风速传感器的选择与安装
  - 电流互感器的选择与安装
  - 吊篮安全监测数据应用

建筑工程外墙脚手架监测应用规划

任务 4.9.1
建筑工程外墙脚手架监测应用规划

⚛ 【任务引入】

外墙脚手架监测方案，是为保证架体的安全稳固，满足施工的使用要求，避免超出规范要求的水平位移、倾斜的坍塌事故发生而编制的。对架体进行有效的水平位移、倾斜观测，以便进行及时的调整加固。

脚手架是为了保证各施工过程顺利进行而搭设的工作平台。按搭设的位置分为外脚手架、里脚手架；按材料不同可分为木脚手架、竹脚手架、钢管脚手架；按构造形式分为立杆式脚手架、桥式脚手架、门式脚手架、悬吊式脚手架、挂式脚手架、挑式脚手架、爬式脚手架。不同类型的工程施工选用不同用途的脚手架。桥梁支撑架使用碗扣脚手架的居多，也有使用门式脚手架的。主体结构施工落地脚手架使用扣件脚手架的居多，脚手架立杆的纵距一般为 1.2 ~ 1.8 m，横距一般为 0.9 ~ 1.5 m。

脚手架与一般结构相比，其工作条件具有以下特点。

① 所受荷载变异性较大。

② 扣件连接节点属于半刚性，且节点刚性大小与扣件质量、安装质量有关，节点性能存在较大变异。

③ 脚手架结构、构件存在初始缺陷，如杆件的初弯曲、锈蚀，搭设尺寸误差、受荷偏心等均较大；

④ 与墙的连接点，对脚手架的约束性变异较大。

对以上问题的研究缺乏系统积累和统计资料，不具备独立进行概率分析的条件，故对结构抗力乘以小于1的调整系数，其值是通过与以往采用的安全系数进行校准确定的。因此，规范采用的设计方法在实质上是属于半概率、半经验的。脚手架满足规范规定的构造要求是设计计算的基本条件。

⊛【任务实施】

为保证架体的安全稳固，符合规范要求的水平位移和倾斜，避免事故的发生，我们通过对架体进行有效的水平位移、倾斜观测，以便及时进行调整加固。

1. 监测部位与监测要求

建筑工程外墙脚手架监测的部位主要包括连墙件与墙体相对水平位移、外墙脚手架的外侧倾斜和横向倾斜、悬挑架的工字钢支撑顶部的倾斜。

建筑工程外墙脚手架监测要求：使用无线倾角仪和无线位移计两个设备进行监测，在搭设期间每日监测 2 ~ 6 次，施工过程中每日监测 1 ~ 2 次，当发现监测变形数值较大的且接近预警值时，可以加密监测频率。

2. 无线倾角仪的选择与安装

无线倾角仪选择基于 4G 单点传输方式的双向倾角传感器，量程为 –30° ~ 30°，精度为 0.01°，用于脚手架倾斜监测。其内置锂电池，可选配太阳能或风能等多种供电方式保证传感器的超长时间运行，采用自主休眠技术结合自动报警紧急传输方式保证数据的稳定性。终端在指定时间内下载主机设置的采样频率、传输频率、预警报警值等参数。终端按照设置的指定间隔时间传输数据，当数据采样值超过设定的预警值时，终端启动实时传输机制，保证监测的实时性，如图 4-9-1 所示。

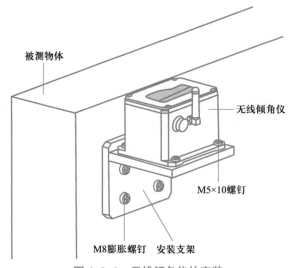

图 4-9-1　无线倾角仪的安装

3. 无线位移计的选择与安装

无线位移计是一款基于 4G 单点传输方式的位移传感器，量程为 0～80 mm，精度为 0.01 mm，用于脚手架位移监测。其内置锂电池，可选配太阳能或风能等多种供电方式保证传感器的超长时间运行，采用自主休眠技术结合自动报警紧急传输方式保证数据的稳定性。终端在指定时间内下载主机设置的采样频率、传输频率、预警报警值等参数。终端按照设置的指定间隔时间传输数据，当数据采样值超过设定的预警值时，终端启动实时传输机制，保证监测的实时性，如图 4-9-2 所示。

图 4-9-2　无线位移计的安装

4. 智慧工地平台端应用

平台可实时监测外脚手架水平位移及倾斜情况，一旦出现问题通过网页端（图 4-9-3）和手机端（图 4-9-4）立即报警。

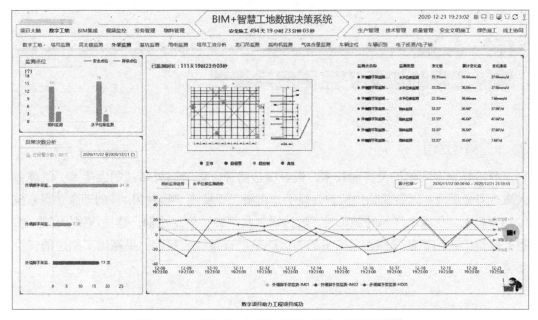

图 4-9-3　外脚手架水平位移及倾斜情况网页端报警

图 4-9-4　外脚手架水平位移及倾斜情况手机端报警

⚛【学习自测】

试用自己的语言，描述基于物联网技术的建筑工程外墙脚手架监测解决方案。

建筑工程临
边防护监测
应用规划

任务 4.9.2
建筑工程临边防护监测应用规划

❋【任务引入】

利用好现有的先进设备和技术，做好临边防护、降低高处事故的发生率，就能极大减少安全事故。以智能临边防护为抓手，在施工现场将"物联网+"的理念和现有技术结合起来，从施工现场的源头起，通过设备收集各类信息数据，建立数据管理平台，提升建筑工地的精益管理，对施工的临边防护进行预计和报警，提高施工临边的安全环境。

❋【知识准备】

临边防护指的是尚未安装栏杆的阳台周边、无外架防护的屋面周边、框架工程楼层周边、上下跑道及斜道的两侧边、卸料平台的侧边的防护，具体安全控制要点如下。

① 深基础临边、楼梯口边、屋面周边、采光井周边、转料平台周边、阳台边、人行通道两侧边、卸料平台两侧边必须统一用两道钢管防护，并在钢管上涂红白标记。

② 绑钢筋边梁、柱用的临时架子外侧，必须架设两道防护栏杆。

③ 井字架提升机和人货电梯卸料平台的侧边必须安装防护门。防护门必须是用钢筋焊接的开关门，不准使用弯曲钢筋作防护门。

④ 临边作业时，必须设置安全警示标志。

⑤ 临边作业外侧靠近街道时，除设防护栏杆、挡脚板、封挂安全立网外，立面还应采取荆笆等硬封闭措施，防止施工中落物伤人。

❋【任务实施】

利用可移动的红外对射装置，在临建危险区域（破损护栏附近或洞口四边）放置红外对射进行防护，当有人触碰防区隔断对射之间的红外光束时，立即触发报警。

1. 临边防护监测的主要功能

整套设备重量10 kg以内，配置三角形便携式可调支架，满足临边、洞口、悬空作业的防护。采用人工智能模糊判断识别穿过报警区域的物体，降低误报率。采用红外对射模组，最远探测距离可达250 m。具备现场声光报警功能，高分贝警报有效提醒接近人危险信息。报警时长可调，最短可达1 s。采用锂电池设计，自动感知周围环境变化，根据环境状况来自动调节对射的发射功率，大大延长发射管的使用寿命，降低电能消耗，可以支持2天不间断防护。

2. 红外对射模组的选择与安装

红外对射模组包括发射端、接收端、光束强度指示灯、光学透镜等。其侦测原理是利用红外发光二极管发射的红外射线，再经过光学透镜做聚焦处理，使光线传至很远距离，最后光线由接收端的光敏晶体管接收。当有物体挡住发射端发射的红外射线时，由于接收端无法接收到红外线，所以会发出警报。红外线是一种不可见光，而且会扩散，投射出去之后，在起始路径阶段会形成圆锥体光束，随着发射距离的增加，其理想强度与发射距离呈反平方衰减。当物体越过其探测区域时，隔断红外射束而引发警报，如图 4-9-5 所示。

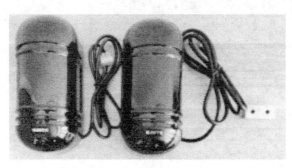

图 4-9-5 红外对射模组

红外对射模组的工作电压是 DC 12V，响应时间为 0.2 s，对射距离在 0～250 m 范围内可调。

3. 临边防护实时监测仪的选择与安装

临边防护实时监测仪，主要是接受红外模组的报警信号，可直接进行声光报警，并将其通过 4G 网络发送给智慧工地平台，可通过远程布防和撤防，如图 4-9-6 所示。

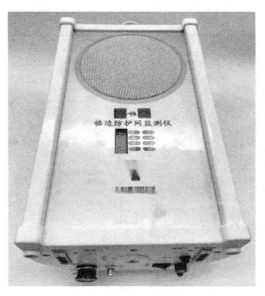

图 4-9-6 临边防护实时监测仪

4. 临边防护实时监测数据平台端应用

平台可实时监测临边防护脚的情况，一旦出现问题通过平台端报警，如图4-9-7所示。

图4-9-7 临边防护实时监测数据平台端应用

5. 临边防护实时监测数据手机端应用

施工管理人员不在工作区或在异地时，需要远程了解现场环境情况，确保现场临边的安全，可以通过手机APP远程查看每台设备的实时参数值，随时随地了解现场环境情况，及时进行远程沟通，实现对项目的管控，如图4-9-8所示。

图4-9-8 临边防护实时监测数据手机端应用

试用自己的语言，描述基于物联网技术的建筑工程临边防护监测解决方案。

任务 4.9.3
建筑工程临电箱监测应用规划

建筑工程临
电箱监测应
用规划

⚙️【任务引入】

施工现场临时用电是指临时电力线路、安装的各种电气、配电箱提供的机械设备动力源和照明，必须执行《建筑工程施工现场供用电安全规范》（GB 50194—2014）。按照国标，施工现场必须实行三级配电箱配置，即一级箱、二级箱及开关箱；必须采用TN-S接零保护系统；现场必须采用二级漏电保护系统。

⚙️【知识准备】

建筑工程施工现场配电箱、开关箱设置一般规定如下

① 配电系统应设置配电柜或总配电箱、分配电箱、开关箱，实行三级配电，三级保护，各级配电箱中均应安装漏电保护器。总配电箱以下可设若干分配电箱；分配电箱以下可设若干开关箱。总配电箱应设在靠近电源的区域，分配电箱应设在用电设备或负荷相对集中的区域。分配电箱与开关箱的距离不得超过 30 m。开关箱与其控制的固定式用电设备的水平距离不宜超过 3 m。配电箱、开关箱周围应有足够 2 人同时工作的空间和通道；不得堆放任何妨碍操作、维修的物品；不得有灌木、杂草。

② 动力配电箱与照明配电箱、动力开关箱与照明开关箱均应分别设置。

③ 每台用电设备必须有各自专用的开关箱，严禁用同一个开关箱直接控制 2 台及 2 台以上用电设备（含插座）。

④ 配电箱的电器安装板上必须设 N 线端子板和 PE 线端子板。N 线端子板必须与金属电器安装板绝缘；PE 线端子板必须与金属电器安装板做电气连接。进出线中的 N 线必须通过 N 线端子板连接；PE 线必须通过 PE 线端子板连接。

⑤ 隔离开关应设置于电源进线端，分断时具有可见分断点，并能同时断开电源所有极的隔离电器。漏电保护器应装设在配电箱、开关箱靠近负荷的一侧，且不得用于启动电气设备的操作。

⑥ 配电箱、开关箱的进、出线口应设置在箱体的下底面，出线应配置固定线卡，进、出线应加绝缘护套并成束卡固在箱体上，不得与箱体直接接触。移动式配电箱、开关箱的进、出线应采用橡皮护套绝缘电缆，不得有接头。配电箱、开关箱的电源进线端严禁采用插头和插座活动连接。

⑦ 配电箱、开关箱应装设端正、牢固。固定式配电箱、开关箱的中心点与地面的垂直距离应为 1.4~1.6 m。移动式配电箱、开关箱应装设在坚固的支架上，其中心点与地面的垂直距离宜为 0.8~1.6 m。

⑧ 配电箱、开关箱应编号，表明其名称、用途、维修电工姓名，箱内应有配电系统图，标明电器元件参数及分路名称。

⑨ 配电箱、开关箱应进行定期检查、维修。检查、维修人员必须是建筑电工，持证上岗。检查、维修时必须按规定穿、戴绝缘鞋、绝缘手套，必须使用电工绝缘工具，并应做检查、维修工作记录。

⑩ 配电箱、开关箱内的电器配置和接线严禁随意改动。熔断器的熔体更换时，严禁采用不符合原规格的熔体代替。漏电保护器每天使用前应启动漏电试验按钮试跳一次，试跳不正常时严禁继续使用。

◎【任务实施】

分析建筑工程临电箱管理存在的问题，提出基于物联网技术的临电箱管理监测解决方案。

1. 建筑工程临电箱管理存在的问题

配线箱承载着工地动力分配及安全防护的功能，但是工地存在人员复杂、管控困难的现状，在用电分析及安全防护上经常让安全管理者头疼。临电系统检查基本完全靠人工排查，该方式效率低、人力资源要求多、信息的反馈不及时，事故原因难排查，如图 4-9-9 所示。

图 4-9-9　建筑工程临电箱管理

① 出现断电、漏电、过载、线缆断开、高温、烟感、短路等故障。事故现场有人反映了才知道并处理，只针对结果处理，原因不一定清楚，排查费力。无人反映时任由发展，安全风险很大。

② 电量、漏电、短路、线缆断开、过载、负载、高温等故障信息的统计。除了电量靠定期费力的人工抄表记录可以进行统计外，其他的要么没有数据，要么由于现场原因难以统计。

③ 实时电量、电压、温度、电流、漏电、功率、功率因数、开关状态、配电箱及拓扑等信息。要获取这些信息，只能到现场实地查看，耗费人力、物力和时间，如果没有配备传统电表、电气火灾监控器还无法获得数据。

2. 基于物联网的临电箱监测解决方案

采用物联网＋技术实现施工现场临时用电的运行情况进行实时监控、报警通知、统计分析的物联网系统，支持实时数据采集，支持多种异常报警，支持多种通知形式，支持历史数据统计。利用各种漏电监测传感器、温度监测传感器、开关状态监测传感器、烟雾监测传感器、电能监测传感器将施工用电过程的各种数据收集到终端主机中，实时监测临电箱中电流、电压、功率、频率情况，监测是否有漏电发生，并将数据通过云服务器实时上传到平台中，如果有问题可及时启动平台预警机制，如图4-9-10所示。

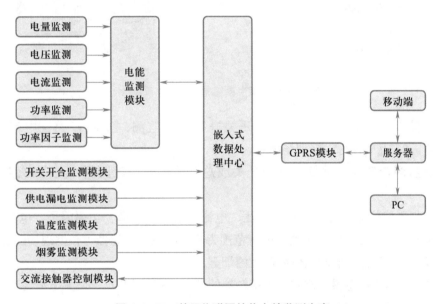

图4-9-10　基于物联网的临电箱监测方案

3. 临电箱监测系统的功能设计

故障信息一旦出现，会及时出现在手机APP和电脑网页的界面上，故障信息及时间、地点一目了然，为及时处理故障提供准确信息，现场能及时自动关闸。

由于云端存储了每一次故障发生的类型及时间数据，借助手机和电脑，可以随时随地查看。

由于设备端实时往云端发送数据并进行存储，借助手机和电脑，可以随时随地查看。

4. 临电箱监测系统的主要设备

临电箱监测系统主要由终端服务器、云服务器，以及连接在终端主机上的各种漏电监测传感器、温度监测传感器、开关状态监测传感器、烟雾监测传感器、电能监测传感器组成，如图 4-9-11 所示。

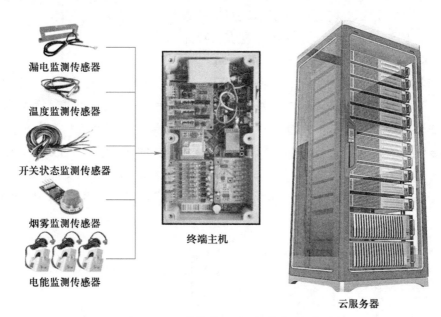

图 4-9-11 临电箱监测系统的主要设备

漏电监测传感器：对每一路分开关进行漏电监测，支持 12 路，电流范围为 10~1000 mA，互感器可根据现场配置。

温度监测传感器：对每一路分开关或总开关进行温度监测，支持 12 路，-20~125 ℃。

电能监测传感器：对总开关的电压、电流、功率、频率、功率因子、电量进行监测，总开关 380 VAC 一组共三路，电流范围为 0~630 A，互感器可根据现场配置。

烟雾监测传感器：监测箱体内产生的烟雾，1 路。

开关状态监测传感器：监测交流接触器的开合，8 路干节点，最大电流为 5 A。

5. 临电箱监测数据平台端应用

临电箱数据可以传输到智慧工地平台端，平台端对数据进行综合分析。管理人员可以看到近一个月电缆温度监控、近一个月漏电流监测，近一个月用电报警统计，施工区、生活区、办公区监测设备区域分布，为管理者项目安全用电管理做数据支撑，如图 4-9-12 所示。

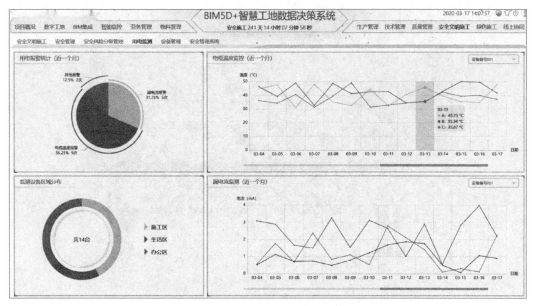

图 4-9-12　临电箱监测数据平台端应用

⚛【学习自测】

试用自己的语言，描述基于物联网技术的建筑工程临电箱监测解决方案。

任务 4.9.4
建筑工程吊篮监测应用规划

建筑工程吊
篮监测应用
规划

⚛【任务引入】

吊篮是建筑工程高空作业的建筑工具，可用于幕墙安装、外墙清洗等工作。吊篮是一种能够替代传统脚手架，可减轻劳动强度，提高工作效率，并能够重复使用的新型高处作业设备。建筑吊篮的使用已经逐渐成为一种趋势，在高层和多层建筑的外墙施工、幕墙安装、保温施工和维修清洗外墙等高处作业中得到广泛认可，同时可用于大型罐体、桥梁和大坝等工程的作业。使用吊篮时可免搭脚手架，使施工成本降低，施工费用为传统脚手架的 28%，而且工作效率大幅提高。吊篮操作灵活、移位容易、方便实用、安全可靠，如图 4-9-13 所示。

图 4-9-13　吊篮

⊛【知识准备】

吊篮由以下结构组成。

1. 悬吊平台

悬吊平台是施工人员的工作场地,由高低栏杆、篮底和提升机安装架 4 个部分用螺栓连接组合而成。

2. 提升机

提升机是悬吊平台的动力部件,采用电动爬升式结构。提升机由电磁制动三相异步电机驱动,经涡轮蜗杆和一对齿轮减速后带动钢丝绳输送机构使提升机沿着工作钢丝绳上下运动,从而带动悬吊平台上升或者下降。

3. 安全锁

安全锁是悬吊平台的安全保护装置,当工作钢丝绳突然发生断裂或者悬吊平台倾斜到一定角度时,能自动快速地锁牢安全钢丝绳,保证悬吊平台不坠落或者继续倾斜。

4. 悬挂结构

悬挂结构是架设于建筑物上部,通过钢丝绳来悬吊悬挂平台的装置。

5. 电气控制箱

电气控制箱是用来控制悬吊平台运动的部件,主要元件安装在一块绝缘板上,万能转向开关、电源指示灯、启动按钮和紧急停机按钮装置在箱板门板上。

⊛【任务实施】

分析建筑工程吊篮管理存在的问题,提出基于物联网技术的吊篮安全监控解决方案。

1. 吊篮安全监测方案

吊篮安全监测系统通过各类传感器，实时监测吊篮的载重、倾斜度、运行电流、外部环境风速等参数；一旦监测值超过额定值，一方面现场声光报警，提示司机规避风险，另一方面自动推送报警信息给管理人员，及时督促整改；吊篮运行数据和报警记录通过 GPRS 模块实时上传到智慧工地平台，实现远程监管，如图 4-9-14 所示。

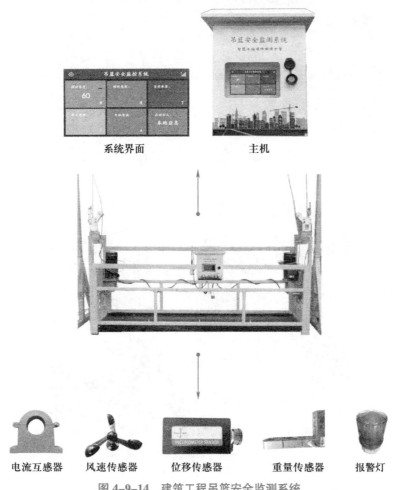

图 4-9-14　建筑工程吊篮安全监测系统

2. 系统主机的选择与安装

吊篮安全监测系统主机安装在吊篮内，工作电压为 220 AC±20%，工作功率≤20W，显示屏尺寸为 8 寸，分辨率为 800×600。主机显示界面用于显示吊篮各项运行工况参数，方便吊篮操作人员及时了解吊篮实时运行状态，并且通过观察主界面上显示的参数，随时调整相应的操作，保证吊篮安全工作，如图 4-9-15 所示。

3. 重量传感器的选择与安装

重量传感器安装在吊绳处，量程为 2～10 t，分辨力为 10 kg，用于实时监测当前吊篮运载重量，并且在达到额定载重的 80% 时，会发出预警，在达到额定载重的 100%

时会发出报警，并且发出制动信号，阻止继续向上起升，此时起升状态会显示"禁止"，可以向下运行，如图4-9-16所示。

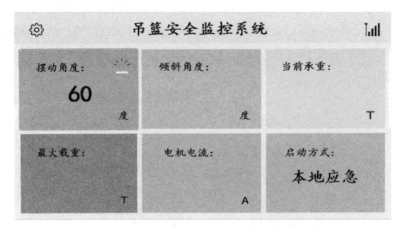

图4-9-15　主机显示界面

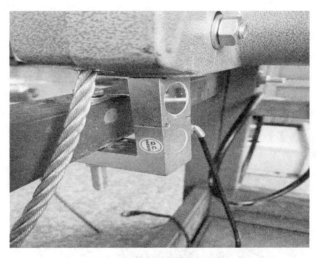

图4-9-16　重量传感器安装

4. 位移传感器的选择与安装

位移传感器主要用于实时监测吊篮水平X、垂直Y方向的倾斜角度，精度为0.005°，分辨率为0.000 8°，温漂为0.000 8°/℃。当倾斜角度过大时，系统会发出倾斜警告，语音播报提醒驾驶员需要谨慎驾驶，并上报报警信息至管理人员及数据平台，如图4-9-17所示。

5. 风速传感器的选择与安装

风速传感器用于实时监测户外环境风速，量程为0~40 m/s，分辨力为0.1 m/s，当风速达到危险作业等级，系统会发出倾斜警告，语音播报提醒驾驶员需要谨慎驾驶，并上报报警信息至管理人员及数据平台，如图4-9-18所示。

图 4-9-17　位移传感器安装

图 4-9-18　风速传感器安装

6. 电流互感器的选择与安装

电流互感器用于实时监测吊篮电机运行电流，额定电流比为 600/5，分辨力为 0.01 A，监测电机运行状态是否正常，出现异常系统会发出危险报警，并且统计用电量，将各项数据上报至管理人员及数据平台，如图 4-9-19 所示。

7. 吊篮安全监测数据应用

通过智慧工地平台，将物联网技术和 BIM 技术相结合，直观呈现现场吊篮运行情况，包括所在位置、在线状态、是否预警等信息，全面体现施工现场物联网技术应用成果，展现项目科学精细化管理过程，如图 4-9-20 所示。

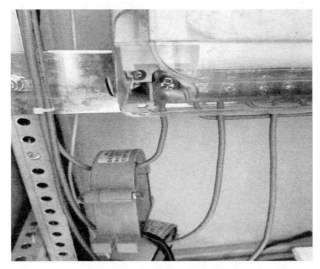

图 4-9-19　电流互感器安装

图 4-9-20　吊篮安全监测数据应用

【学习自测】

试用自己的语言，描述基于物联网技术的建筑工程吊篮安全监测解决方案。

习题与思考

一、填空题

1. 脚手架是为了保证各施工过程顺利进行而搭设的工作平台，按搭设的位置分为_____、_____。
2. 配电系统应设置_____、_____、_____，实行三级配电，三级保护，各级配电箱中均应安装漏电保护器。
3. 临边防护指的是_____、_____、_____、_____、_____的防护。
4. 吊篮是一种能够替代_____，可减轻_____，提高_____，并能够_____的新型高处作业设备。

二、简答题

1. 基于物联网的脚手架监测方案的主要功能有哪些？
2. 基于物联网的临边防护监测的方案特点是什么？
3. 基于物联网的临电箱的监测方案是什么？
4. 基于物联网的吊篮监测功能有哪些？

三、讨论题

1. 根据你的理解，脚手架监测方案还有哪些方面需要优化？
2. 根据你的理解，临边防护监测方案还有哪些方面需要优化？
3. 根据你的理解，临电箱监测方案还有哪些方面需要优化？
4. 根据你的理解，吊篮监测方案还有哪些方面需要优化？

参考文献

［1］丁飞，张登银，程春卯.物联网概论［M］.北京：人民邮电出版社，2021.

［2］魏旻，王平.物联网导论［M］.2版.北京：人民邮电出版社，2020.

［3］杜修力，刘占省，赵研.智能建造概论［M］.北京：中国建筑工业出版社，2020.

［4］王鑫，杨泽华.智能建造工程技术［M］.北京：中国建筑工业出版社，2021.

［5］张振亚，王萍，张红艳，等.建筑物联网技术［M］.北京：中国建筑工业出版社，2021.

［6］方娟，陈锬，张佳玥，等.物联网应用技术（智能家居）［M］.北京：人民邮电出版社，2021.

［7］俞菲，王雷.无线通信技术［M］.北京：人民邮电出版社，2020.

［8］陈继欣，邓立.传感网应用开发：初级［M］.北京：机械工业出版社，2019.

［9］唐文彦.传感器［M］.北京：机械工业出版社，2014.

［10］吴建平.传感器原理及应用［M］.2版.北京：机械工业出版社，2012.

［11］Tero Karvinen，Kimmo Karvinen，Ville Valtokari.传感器实战全攻略：41个创客喜爱的Arduino与Raspberry Pi制作项目［M］.于欣龙，李泽，译.北京：人民邮电出版社，2016.

［12］（印）鲁什·贾加.树莓派＋传感器：创建智能交互项目的实用方法、工具及最佳实践［M］.胡训强，张欣景，译.北京：机械工业出版社，2016.

［13］吴微.深度学习实践教程［M］.北京：电子工业出版社，2020.

［14］吴志强.建筑施工机械［M］.北京：北京大学出版社，2011.

读者意见反馈

为收集对教材的意见建议,进一步完善教材编写并做好服务工作,读者可将对本教材的意见建议通过如下渠道反馈至我社。

咨询电话　400-810-0598

反馈邮箱　gjdzfwb@pub.hep.cn

通信地址　北京市朝阳区惠新东街4号富盛大厦1座
　　　　　高等教育出版社总编辑办公室

邮政编码　100029

授课教师如需获得本书配套教辅资源,请登录"高等教育出版社产品信息检索系统"（https://xuanshu.hep.com.cn/）搜索下载,首次使用本系统的用户,请先进行注册并完成教师资格认证。